WOLKEN

Christiane Helling

WOLKEN

primus verlag

Die Deutsche Nationalbibliothek verzeichnet diese Publikation in der Deutschen Nationalbibliografie; detaillierte bibliografische Daten sind im Internet über http://dnb.dnb.de abrufbar.

Gedruckt auf säurefreiem und alterungsbeständigem Papier
Umschlaggestaltung: Jutta Schneider, Frankfurt a. M.
Umschlagabbildung: Cumuluswolken, © picture-alliance/dpa
Abb. S. 3: schreiberVIS, Bickenbach
Redaktion: Rainer Aschemeier, Projektmanagement und Verlagslösungen, Weinheim
Gestaltung, Satz und Prepress: schreiberVIS, Bickenbach
Printed in Germany

www.primusverlag.de

ISBN: 978-3-86312-010-8

INHALT

VORWORT

Ärgern Sie sich, wenn der Himmel wolkenverhangen ist? Oder wenn es in Strömen gießt und Sie den Regenschirm vergessen haben? Ist für Sie Autofahren bei Nebel nervtötend? All das steht mit der gleichen Naturerscheinung in Verbindung: der Kondensation des Wassers in der Erdatmosphäre zu Tröpfchen. Wolken aus Wasser sind typisch für unsere Erde.

Wolken und ihre Bildung sind das Thema dieses Buches. Vielleicht macht es Ihnen sogar „schlechtes Wetter" etwas erträglicher! Denken Sie beim nächsten nebelverhangenen Tag daran, welch immense Bedeutung Nebel für uns Menschen hat. Selbst bei der Entstehung des Lebens auf der Erde und möglicherweise auch auf anderen Planeten im Universum spielten Wolken und Nebel eine entscheidende Rolle.

Im Gegensatz zu seiner Bedeutung ist das Aussehen von Wasser fast langweilig: In einem Glas ist es farblos. Wolken erscheinen weiß oder grau. Unter bestimmten Bedingungen aber können die Ansammlungen kleiner Wassertröpfchen in Form von Wolken einen überwältigenden Anblick am Himmel bieten, zum Beispiel während des Sonnenauf- oder -untergangs.

Wolken, diese Körper ohne Oberfläche, haben durch ihre Farben und Formen seit jeher Bewunderung hervorgerufen und die Fantasie angeregt. Ihre systematische Beobachtung und Klassifizierung liefert auch Anhaltspunkte für praktische Anwendungen wie zum Beispiel eine lokale 24-Stunden-Wettervorhersage.

Der Vergleich mit unseren Nachbarplaneten Venus und Mars zeigt, dass die Erde gerade die richtige Menge an Wolken hat, um Leben zu ermöglichen. An klaren Tagen erreicht das Sonnenlicht die Erdoberfläche fast ungestört und ermöglicht so die Photosynthese, die uns Menschen bestmöglich mit Sauerstoff versorgt. An bewölkten Tagen hingegen fallen Wassertröpfchen auf die Erdoberfläche. Die pflanzlichen Sauerstoffproduzenten werden dadurch am Leben erhalten.

Ganz anders präsentiert sich die dichte Wolkendecke der Venus. Sie hindert 75% des Sonnenlichts daran, die Planetenoberfläche zu erreichen. Die restlichen 25% werden von der unteren Atmosphäre absorbiert und in Infrarotstrahlung umgewandelt. Die Venusoberfläche befindet sich in einem „Infrarotwärmebad", das eine Photosynthese, wie wir sie von der Erde kennen, nicht zulässt. Der Mars hingegen ist fast wolkenfrei, sodass extreme Tag-/Nacht-Temperaturunterschiede auftreten. Die gefährliche UV-Strahlung der Sonne kann dort fast ungehindert bis zur Bodenoberfläche vordringen. Die damit einhergehende hohe Strahlenbelastung erlaubt Leben, wie wir es kennen, nicht ohne spezielle Schutzvorkehrungen.

Dieses Buch befasst sich mit den Wolkenformen und den Prozessen, die zu ihrer Entstehung führen. Diese Vorgänge sind grundsätzlicher Natur, sodass sie sowohl die Wolkenbildung auf der Erde als auch auf anderen Planeten bestimmen.

Lassen Sie uns auf eine Reise durch die Welt der Wolken gehen, die uns bis weit in das Weltall führen wird!

Christiane Helling
St Andrews, Schottland, 2013

1 | Unsere Erde hat gerade die richtige Menge an Wolken, um Leben zu ermöglichen. Teilweise verdecken die Wolken das Sonnenlicht, teilweise lassen sie es ungehindert passieren.

EINLEITUNG

Wolkenbilder

Wolken sind für uns so alltäglich, dass wir sie als Metaphern, als Vergleiche in vielschichtiger Weise verwenden. Begriffe wie Sandwolke, Staubwolke, Benzinwolke, Aschewolke, Molekülwolke oder auch Sternenwolke (zum Beispiel in Form der Magellanschen Wolke, Abb. 2) sind vielen Menschen geläufig.

Man spricht zudem vom „auf Wolken schweben", „aus allen Wolken fallen", „den Kopf in den Wolken haben", davon, wie die Wolken „ziehen" oder von „aufkommenden Wolken". Der Begriff „Wolke" suggeriert uns etwas Diffuses, womöglich etwas Unangenehmes, Verdeckendes. Wolken stehen für Prozesshaftigkeit, nicht für Stillstand. Einen wolkenlosen Himmel empfinden wir nur für eine begrenzte Zeit als positiv. Es ist erlösend, wenn sich lebenspendende Regenwolken zeigen.

Beispiele aus der klassischen und der Gegenwartsliteratur verdeutlichen, wie Wolken seit Jahrhunderten auch in Kunst und Literatur Einzug gehalten haben:

- Der Chor der Wolken in Aristophanes' klassischer Komödie *Die Wolken* spricht aufgebläht und inhaltsleer und symbolisiert so das korrupte und ineffiziente Staatswesen im antiken Athen.
- *Die Wolke* von Gudrun Pausewang thematisiert eine atomare Bedrohung. In diesem weit verbreiteten Buch, das auch als Schullektüre eingesetzt wird, führt nach einem Reaktorunfall eine Wolke radioaktiv verseuchten Regen mit sich, wirkt also unheilvoll.
- Der 2008 erschienene Film *Wolke 9* von Andreas Dresen nutzt das Bild der Wolke zur Enthüllung, die den Blick freigibt und das Tabu von Liebe und Sexualität im Alter bricht.

Die realen Wolken (Abb. 3) aus Wassertröpfchen, Hagelkörnern und Schneeflocken, die am Himmel unseres Planeten ziehen, sind uns allgegenwärtig. Daher verwundert es nicht, dass viele Sprachen eine beachtliche Anzahl von Wörtern haben, mit denen Wolkenphänomene beschrieben werden. In der deutschen Sprache sind das etwa Begriffe wie Nebel, Dunst, Rauch, Schwaden, Niesel, Gischt oder Kondensstreifen. Der schottische Dialekt in der englischen Sprache hat sogar einen ureigenen Ausdruck für Küstennebel, den man dort als *Haar* bezeichnet (Abb. 4). Erst solche Begriffe gestatten uns im Alltag eine präzise Kommunikation.

Aus physikalischer Sicht bezeichnen alle diese Begriffe im Prinzip das Gleiche: kleine Wassertröpfchen, die in der Luft schweben oder durch sie hindurchfallen.

Der Begriff „Wolke" sagt nicht einmal etwas über einen möglichen Bildungsmechanismus aus. Erst die konkreteren Begriffe wie „Nebel" oder „Gischt" geben uns Hinweise auf Entstehungsprozesse. Die Beschreibung der Wolkenformen erlaubt also einen Rückschluss auf ihren Entstehungsprozess und ihre mögliche weitere Entwicklung. Spricht man mit Meteorologen, bezeichnen diese die Wolkenbildung als eine der großen Herausforderungen für die Wettervorhersage.

Betrachten wir eine Wolke mal aus wissenschaftlicher Sicht: Was macht eine Wolke aus? Wolken sind durch eine lokal erhöhte Dichte ihrer Bestandteile gekennzeichnet

2 | Die Kleine Magellansche Wolke ist eine Zwerggalaxie im Sternbild Tukan, die mehrere Millionen Sterne enthält. Von der Erde aus betrachtet, erscheint sie als eine Sternenwolke am Nachthimmel. Die Abbildung zeigt einen sogenannten offenen Sternenhaufen (NGC 346) in der Kleinen Magellanschen Wolke.

3 | Wasserwolke: Wolken sind aus meteorologischer Sicht lediglich eine Ansammlung von Wassertröpfchen. Die Form einer Wolke verändert sich ständig.

und existieren nur für einen begrenzten Zeitraum. Das gilt für jede beliebige Wolke und ihre Bestandteile wie Sand, Staub, Benzin, Moleküle, Wassertröpfchen oder auch Sterne (in einer Sternenwolke). Die Ansammlung kleiner Partikel, deren Größe zumeist zwischen 1/100 000 cm und ca. 4 cm liegt, kann das Dahinterliegende verdecken. Auch Sternenwolken verdecken das Dahinterliegende, nur sind ihre Bestandteile (die Sterne) unvorstellbar groß im Vergleich zu einem Wassertröpfchen.

Sind Sie schon einmal mit einem Flugzeug in eine Wolke hinein- und wieder herausgeflogen? Dann haben Sie sicher beobachtet, dass eine Wolke keinen eindeutigen

Rand hat und dass die Dichte der Wolkenpartikel zum Rand hin lediglich abnimmt. Die Konzentration der Wolkenpartikel wird also zum Rand der Wolke hin immer geringer. Wären Sie nun in der Lage, durch eine Sternenwolke hindurchzufliegen, würden Sie genau die gleiche Beobachtung machen: Die Anzahl der Sterne wird zum Rande der Wolke hin geringer.

Wolkenränder sind also nur optische Täuschungen und keine festen Abgrenzungen. Der Grund dafür liegt in den Entstehungsprozessen der Wolke, die eng mit den Wolkenbildungsorten und den dort herrschenden Temperaturen und Drücken verbunden sind. Eine Benzinwolke bildet sich aus verdampfendem Benzin an einer Tankstelle und kann vom Wind verweht werden. Eine Sandwolke entsteht, wenn Wind kleine Sandkörner mit sich reißt

4 | Jede Sprache hat viele verschiedene Begriffe für die Beschreibung von Wolkenphänomenen. So wird der Küsten- oder Meeresnebel, der sich über dem Meer bildet und dann auf das Land zieht, im schottischen Dialekt der englischen Sprache als *Haar* bezeichnet. Das Bild zeigt einen solchen *Haar*, der teilweise die Forth Road Bridge bei Edinburgh umhüllt.

Konzentration

Als Konzentration bezeichnet man das Verhältnis einer Anzahl von Dingen (beispielsweise Wassermoleküle) zur Gesamtanzahl oder Gesamtmenge in einem gegebenen Volumen. Beispielsweise ist eine Massenkonzentration (mit der Einheit Gramm pro Quadratzentimeter) eine Teilmasse eines Stoffes pro Gesamtmasse aller Stoffe. Oder eine Volumenkonzentration ist das Verhältnis eines Teilvolumens zum Gesamtvolumen. Haben wir also zum Beispiel einen Liter Schnee, was einem mit Schnee gefüllten Würfel der Kantenlänge von jeweils zehn Zentimetern entspricht, so können wir die Konzentration des Wassers im Würfel berechnen, indem wir das Wasservolumen durch das Gesamtvolumen des mit Schnee gefüllten Würfels teilen.

5 I Sand wird aus der Wüste Sahara über den Atlantischen Ozean entlang der Küsten von Mauretanien (oben), Senegal (Mitte) und Guinea-Bissau (unten) geblasen. Wüstensand stellt einen wesentlichen Bestandteil der Kondensationskeime für die Entstehung von Wolken auf der Erde dar. Dieses Bild wurde am 29. März 2008 mithilfe des Wettersatelliten Envisat der Europäischen Weltraumbehörde (ESA) aufgenommen (Instrument: Moderate-Resolution Imaging Spectroradiometer bei maximaler örtlicher Auflösung von 300 m)

und diese dadurch auch über weite Strecken transportieren kann (Abb. 5). Eine Molekülwolke, die im interstellaren Raum zwischen den Sternen des Universums existiert, ist hingegen das Ergebnis interstellarer Transportprozesse über lange Zeiten und große Entfernungen in diesem Vakuum zwischen den Sternen.

Im folgenden Text möchte ich mich auf Prozesse und Phänomene konzentrieren, die uns helfen, die Wolken auf der Erde und in anderen planetaren Atmosphären zu verstehen. In der Rubrik „Fragen und Antworten“ werde ich in den Kapiteln, in denen es sich anbietet, weiterführende Details erklären sowie, unter Umständen, „falsche“ Wolken entlarven.

Die Wolken der Erde sind das Ergebnis der Phasenübergänge (gasförmig/fest/flüssig) von Wasser. Ein **Phasenübergang** ist der Übergang eines Stoffes von einer Phase in eine andere. Phasenübergänge können zwischen festen, flüssigen und/oder gasförmigen Phasen auftreten. Sie werden in Form eines Phasendiagramms dargestellt (Abb. 6). Es zeigt, dass zwei Phasen (oder drei im Tripelpunkt) unter besonderen Druck- und Temperaturumständen gleichzeitig existieren können. Aus dem Phasendiagramm ist zu ersehen, dass es die Übergänge flüssig/fest bzw. fest/flüssig, gasförmig/flüssig bzw. flüssig/gasförmig und gasförmig/fest bzw. fest/gasförmig geben kann.

Bei genügend hohem Druck kann beispielsweise Eis (fest) zu Wasser (flüssig) werden, oder Wasserdampf kann direkt zu Eis gefrieren, wenn nur die Temperatur niedrig genug dafür ist. Für einige Phasenübergänge gibt es spezielle Bezeichungen: *Schmelzen* meint den Übergang von fest zu flüsssig. Das *Verdampfen* (oder Verdunsten) ist der Übergang von flüssig zu gasförmig. *Sublimieren* bildet den Übergang von fest zu gasförmig. *Erstarren/Gefrieren* bezeichnet den Übergang von flüssig zu fest. *Kondensieren* benennt den Übergang von gasförmig zu flüssig, *Resublimieren* den Übergang von gasförmig zu fest. Je nach Fachgebiet werden Kondensieren und Resublimieren als Übergang von der gasförmigen in die feste oder flüssige Phase verstanden. Daher fassen wir im Folgenden beide Möglichkeiten unter dem Begriff der *Kondensation* zusammen.

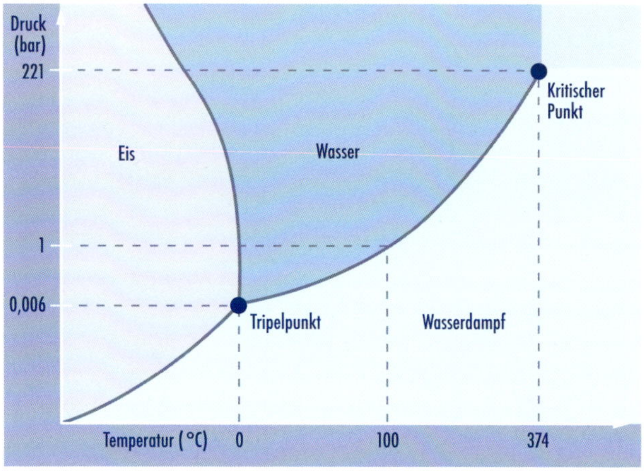

6 | Phasendiagramm für Wasser. Das Diagramm zeigt die Aggregatzustände des Wassers (gasförmig, flüssig, fest) in einer Ebene, die durch Temperatur und Druck aufgespannt wird. Die durchgezogenen Linien indizieren jene Temperaturen und Drücke, bei denen zwei Phasen gleichzeitig existieren können. Im Tripelpunkt kann Wasser sowohl in gasförmiger, fester also auch in flüssiger Form auftreten. Das Phasendiagramm visualisiert auch die Anomalie des Wassers: Eis schmilzt, wenn man den Druck erhöht bei gleichbleibend niedriger Temperatur. Ein Beispiel dafür ist das Schmelzen des Eises unter der Kufe des Schlittschuhs beim Schlittschuhfahren.

Im nächsten Kapitel geht es um den Aufbau der Erdatmosphäre, bevor in einem späteren Kapitel auf phänomenologische Weise den Fragen nachgegangen wird, wo sich Wolken bilden und welche wichtigsten Wolkentypen wir auf der Erde kennen.

Es mag auf den ersten Blick etwas abwegig erscheinen, sich an dieser Stelle mit dem Aufbau der Erdatmosphäre zu befassen, doch hängt es von der Temperaturverteilung und der Verteilung von Aerosolen in der Atmosphäre ab, wo und ob sich überhaupt Wolken bilden. Die chemische Zusammensetzung des Gases, aus dem die Erdatmosphäre besteht, bestimmt, ob die Wolken aus Wassertröpfchen oder anderen chemischen Gemischen bestehen. Da wir uns auch mit der Bildung von Wolken in Atmosphären extraterrestrischer Planeten befassen werden, ist es ganz wesentlich, ob der Hauptbestandteil der Atmosphäre eher Wasser (wie auf der Erde) ist oder Schwefelverbindungen (wie auf der Venus) oder gar Kohlenstoffverbindungen (wie auf Jupiter) oder etwas ganz Unerwartetes wie etwa Magnesiumverbindungen, die dann zur Bildung von Edelsteinwolken führen können.

7 | Die Erdatmosphäre ist eine verhältnismäßig dünne Schicht, deren Ausdehnung weniger als einem Prozent des Erdradius entspricht. Dichte und Temperatur des atmosphärischen Gases nehmen nach außen hin ab, da die Erde keinen äußeren Rand hat. In den unteren Schichten der Erdatmosphäre bilden sich die Wolken.

DIE ERDATMOSPHÄRE

Der Aufbau der Erdatmosphäre

Wer hat sich nicht schon einmal gefragt, wie hoch Wolken reichen können? Oder wie viel Wasser und wie viel Luft unsere Erdatmosphäre beinhaltet? Vielleicht interessiert es Sie aber auch eher, wo es in der Atmosphäre überhaupt Wolken geben kann? Um diese Fragen beantworten zu können, befasst sich dieses Kaptitel mit dem Aufbau der Erdatmosphäre (Abb. 8).

Die Erdatmosphäre ist mit ihrem Aufbau und ihrer chemischen Zusammensetzung der Ort, wo Wolken entstehen, sich bewegen und wieder vergehen. Die gesamte Luftmasse der Erdatmosphäre umfasst ca. 5×10^{15} Tonnen. Das bedeutet, dass 1/300 der Wassermassen der Ozeane oder 1/1 000 000 der Erdmasse als Wasser in der Erdatmosphäre enthalten sind!

Ihre Ausdehnung bis zur Obergrenze der Stratosphäre entspricht weniger als einem Prozent des Erdradius, der am Äquator 6378 Kilometer beträgt. Die Erdatmosphäre ist damit mit einer dünnen Staubschicht auf einem Fußball vergleichbar.

Die Existenz der Atmosphäre eines jeden Planeten beruht auf dem Gleichgewicht zwischen der Schwerkraft (Gravitation) und der Kraft, die durch die Bewegungen jedes einzelnen Gasteilchens hervorgerufen wird (Druckkraft). Der Druck steigt mit steigender Temperatur, da sich dann die Teilchen mit größerer Geschwindigkeit relativ zuein-ander bewegen und daher öfter zusammenstoßen. Das kann man zum Beispiel bei einem Fahrradreifen oder einem Luftballon gut beobachten.

Das bedeutet aber auch, dass Gasmoleküle mit geringerer Masse bei kleinen Drücken und gleichbleibender Temperatur höhere Geschwindigkeiten erreichen als Moleküle größerer Massen. Also entweichen leichte Gasteilchen, wie beispielsweise der molekulare Wasserstoff H_2, einem planetaren Gravitationsfeld schneller als schwere Moleküle wie beispielsweise das Kohlendioxidmolekül CO_2. Dieser massenabhängig differenzierte Verlust der gasförmigen Atmosphärenbestandteile wird im Laufe der Planetenentwicklung die Zusammensetzung der Wolken beeinflussen oder ihre Entstehung sogar verhindern, wenn ein Planet zu viel Gas aus seiner Atmosphäre verloren haben sollte.

Solch ein Verlust der Planetenatmosphäre ist kein reines Gedankenexperiment. So hat beispielsweise der Mars seine Atmosphäre fast vollständig verloren, da diese nicht (mehr) durch ein Magnetfeld vor dem Sonnenwind geschützt wurde. Die Erde hingegen hat ein Magnetfeld, dessen Existenz wir mittels eines Kompasses nachweisen können oder durch Beobachtung der Polarlichter. Folglich sind die Erdatmosphäre und damit die auf der Erde lebenden Pflanzen, Tiere und Menschen gut vor dem Sonnenwind geschützt.

Die Erdatmosphäre ist durch eine nach außen (in Relation zum Weltraum) bzw. nach oben (von der Erdoberfläche aus betrachtet) hin global abnehmende Temperatur und Dichte gekennzeichnet. Mit zunehmender Höhe nimmt deswegen auch der Luftdruck stetig ab, weshalb man den Mount Everest besser mit Sauerstoffmaske besteigt. Physikalisch kann der Druckabfall bis zur Stratosphäre hinauf recht gut mit der barometrischen Höhenformel beschrieben und damit berechnet werden. Diese Formel beschreibt den Druckabfall in der Atmosphäre mittels einer Exponentialfunktion.

8 | Blick auf die Erdatmosphäre mit Wolken von Bord der Internationalen Raumstation ISS.

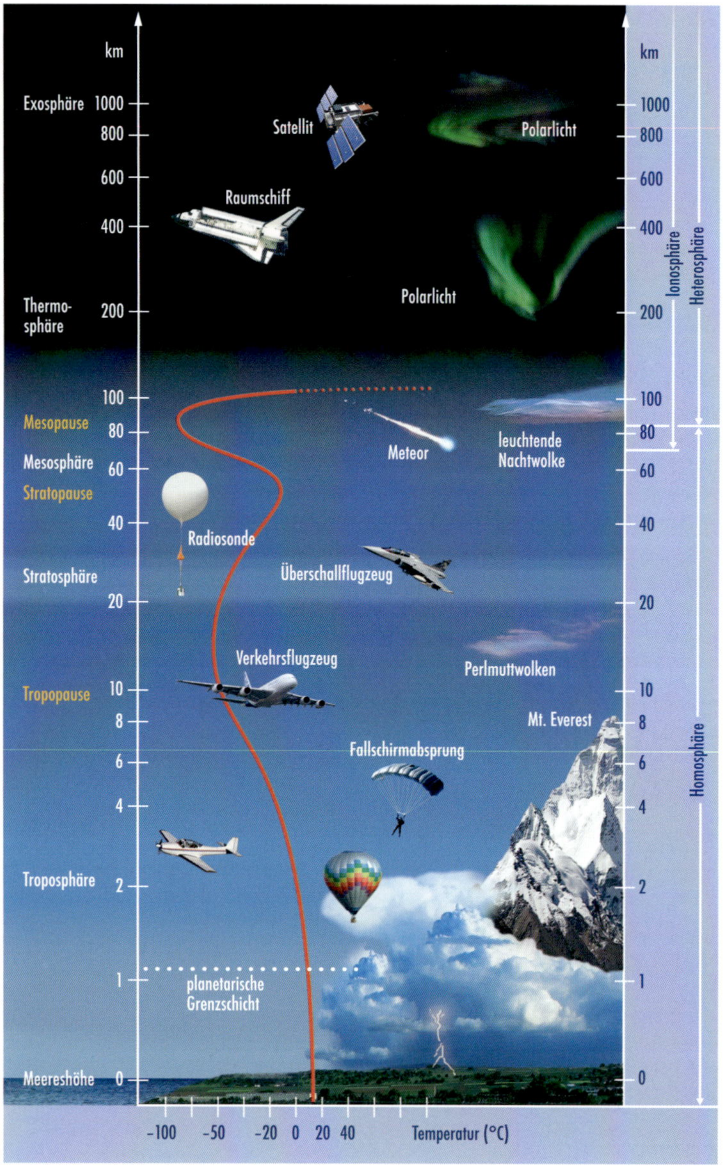

9 | Aufbau und Struktur der Erdatmosphäre mit den Wolkenbildungsregionen. Die rote Linie steht für den Temperaturverlauf in der Erdatmosphäre, der durch die Wechselwirkung der Sonneneinstrahlung mit den in der Erdatmosphäre befindlichen Molekülen bestimmt wird und dadurch nicht kontinuierlich nach außen (oben) hin abfällt.

Die Schichten der Erdatmosphäre

Die ersten 800 Meter oberhalb der Erdoberfläche bezeichnet man als planetare Grenzschicht (Abb. 9). Sie schließt direkt an die Erdoberfläche mit ihren Gebirgen und Gewässern an. Auch wir Menschen leben in der planetaren Grenzschicht. Der Einfluss der Erdoberfläche kann durch Wärmeaustausch eine Veränderung von Temperatur, Druck und Wind in der planetaren Grenzschicht der Atmosphäre bewirken und so die Wolkenbildung in den darüberliegenden Schichten beeinflussen. Die Luft in Bodennähe, in den ersten vertikalen ein bis zwei Kilometern, wird durch thermischen Kontakt mit dem Boden erwärmt und steigt auf. Man kann das mit einer Fußbodenheizung vergleichen. Diesen physikalischen Prozess nennt man *Konvektion*.

Konvektion ist ein Energietransportmechanismus, bei dem ein Temperaturunterschied zweier Luftschichten zum Aufsteigen der wärmeren Luft in Richtung der kälteren Luftschichtung führt. Das wird möglich, weil der Druck der wärmeren Luft sich an den Umgebungsdruck der kälteren Schicht fast augenblicklich anpasst. Die Folge ist eine Volumenvergrößerung der betroffenen Luftpakete. Dies führt zu einer Verringerung der Dichte des aufsteigenden Luftpakets, da es nun ein größeres Volumen einnimmt. Nun ist das wärmere Luftpaket plötzlich leichter als ein Luftpaket gleichen Volumens in seiner Umgebung. Erst wenn diese Bedingung nicht mehr erfüllt ist, kann das Luftpaket nicht mehr aufsteigen, und es hat sich durch Energieabgabe an seine Umgebungstemperatur angepasst. Das Luftpaket hat nun die gleiche Temperatur und Dichte wie seine Umgebung.

Oberhalb der planetaren Grenzschicht befindet sich die Troposphäre, in der die Wolkenbildung stattfindet. Sie enthält den Großteil der Masse sowie fast den gesamten Wasserdampf der Erdatmosphäre. In der Troposphäre nimmt die Temperatur nach oben hin stetig ab. Sie sinkt bis auf –60 °C in den obersten troposphärischen Schichten.

Über der Troposphäre folgt nach oben hin die Stratosphäre. Sie befindet sich vom Erdboden aus gemessen in einer Höhe von zwölf bis 50 Kilometern. Die Stratosphäre ist durch einen Anstieg des Ozongehalts, also die Menge des in der Atmosphäre enthaltenen Gases Ozon (O_3), gekennzeichnet.

Der Ozongehalt der Atmosphäre erreicht sein Maximum bei einer Höhe von etwa 30 Kilometern. Die Stratosphäre wird durch die Sonnenstrahlung, insbesondere durch die Absorption des Ozons im ultravioletten Spektralbereich zwischen zehn bis 400 Nanometern erwärmt. Daher steigt die Temperatur in der Tropopause oberhalb der Troposphäre wieder an. Die Tropopause trennt Troposphäre und Stratosphäre.

In einer Höhe von 50 Kilometern hat sich das Gas in der Stratosphäre wieder auf 0 °C erwärmt. Dieser Temperaturanstieg verhindert das Aufsteigen feuchter Luft aus der Troposphäre in die Stratosphäre. Konvektion ist hier nicht mehr möglich, da bei gleichem Volumen die stratosphärischen Luftpakete mit $T = 0$ °C (also einer Temperatur von 0 °C) schon viel leichter sind als ein troposphärisches Luftpaket mit einer Temperatur von –60 °C. Die stratosphärische Luft ist im Vergleich zur Troposphäre deshalb sehr trocken, sodass es hier nur unter extrem kalten Bedingungen zur Bildung von Wasserwolken kommt. Trotzdem beobachtet man sogenannte leuchtende Nacht-

Ozon

Ozon, O_3 (griechisch: *ozein*, riechen[d]), ist die triatomare Form von Sauerstoff. Ozon ist ein die Atemwege reizendes Gas und wird daher als stechend-scharf riechend wahrgenommen. Sauerstoff kommt unter normalen Bedingungen auf der Erde nur als zweiatomares Molekül O_2 vor. Die Bildung des dreiatomaren Ozons erfordert immer die Anwesenheit einer Energiequelle, wie etwa die Sonnenstrahlung. Das Ozon der Erdatmosphäre befindet sich hauptsächlich in der Stratosphäre, wo es ultraviolette Sonnenstrahlung absorbiert. Die Bildung des Ozons geschieht hierbei durch die Freisetzung dreier gewöhnlicher Sauerstoffmoleküle, die sich zu zwei Ozonmolekülen verbinden: $3O_2 \rightarrow 2O_3$.

Manchmal hört man aber auch im Wetterbericht von Ozon in Bodennähe – vor allem in den Sommermonaten. Wie kommt es dazu? In der planetaren Grenzschicht entsteht Ozon bei der Reaktion des Autoabgases Stickstoffdioxid (NO_2) mit Sauerstoff (O_2) unter dem Einfluss der UV-Strahlung der Sonne. Das erklärt das Vorkommen bodennahen Ozons vor allem im Sommer bei sonnigem, warmem Wetter. Ozonmessstationen überwachen den Ozongehalt und warnen, wenn eine Gesundheitsgefährdung durch zu viel Ozon eintritt, denn Ozon hat stark oxidierende Wirkung und kann die Atemwege reizen.

In der Troposphäre bildet sich Ozon zudem in den Blitzkanälen von Gewittern.

wolken in großen Höhen in der Stratosphäre oder sogar noch darüber, in der Mesosphäre. Die Bildung dieser leuchtenden Nachtwolken ist bislang nur andeutungsweise verstanden. Ich werde darauf im Kapitel über globale Wolkenphänomene eingehen.

Die Mesosphäre befindet sich zwischen 50 und 85 Kilometer Höhe über der Erdoberfläche und ist durch einen erneuten starken Temperaturabfall auf bis zu – 100 °C gekennzeichnet. Oberhalb der Mesosphäre kommt die Thermosphäre, die eine so geringe Dichte hat, dass bereits keine Temperatur mehr physikalisch sinnvoll definiert werden kann. Der physikalische Begriff der Temperatur ist hier schlichtweg nicht mehr anwendbar. Der für die unteren Atmosphärenschichten verwendete Temperaturbegriff basiert nämlich auf der Fähigkeit der Gasteilchen, durch Stöße Energie austauschen zu können. Das ist bei Gasen sehr geringer Dichte nicht möglich. Eine Möglichkeit, eine Temperatur für die Thermosphäre anzugeben, ist es, die von der Sonne einfallende Strahlungsmenge (Strahlungsenergie) zu bestimmen.

Die Exosphäre bildet bei einer Höhe von 100 bis 200 Kilometern bis 500 bis 1000 Kilometern den äußersten Bereich der Erdatmosphäre. In der Exosphäre herrschen so geringe Drücke, dass wir hier vom Übergang der Erdatmosphäre in den interplanetaren Raum – also in das Vakuum – sprechen können. Man beachte, dass dieses Vakuum nicht ganz leer ist; die Verwendung dieses Begriffs kann also etwas irreführend sein. Nur ist die Anzahl der darin befindlichen Teilchen (Gas, Staub) extrem gering im Vergleich zu den uns umgebenden Bedingungen auf der Erdoberfläche. Das interplanetare Medium beinhaltet nur ungefähr fünf Teilchen pro Kubikzentimeter. Beispiele dafür, dass die Exosphäre nicht leer ist, sind die Polarlichter. Auch darauf werden wir später eingehen.

Die chemische Zusammensetzung der Erdatmosphäre

Warum bestehen Wolken auf der Erde hauptsächlich aus Wasser und nicht aus anderen Stoffen? Wenn unsere Atmosphäre eine andere chemische Zusammensetzung hätte, würden dann die Wolken aus anderen Stoffen bestehen? Kann es solche Wolken auf der Erde geben? Wie würden „Nicht-Wasserwolken“ aussehen? Um diese Fragen beantworten zu können, befasst sich dieses Unterkapitel mit dem chemischen Aufbau der Erdatmosphäre.

Die Kenntnis der chemischen Zusammensetzung des atmosphärischen Gases ist wesentlich, um verstehen zu können, warum es in unserer Atmosphäre zur Bildung von Wasserwolken kommt. Die chemische Zusammensetzung der Atmosphäre bestimmt nämlich auch die chemische Zusammensetzung der Wolken. Das Gas der Erdatmosphäre ist ein Gemisch aus molekularem Stickstoff (N_2, ca. 78%), molekularem Sauerstoff (O_2, ca. 21%), dem Edelgas Argon (Ar, ca. 0,93%) und Kohlendioxid (CO_2, 0,035%). Kohlendioxid ist also lediglich ein Spurengas in der Erdatmosphäre. Diese Angaben sind Volumenanteile. Wasser in gasförmigem Zustand kann in der Atmosphäre bis zu 4% Volumenanteil einnehmen, liegt also in wesentlich geringeren Mengen vor als Stickstoff oder Sauerstoff.

Den Volumenanteil des gasförmigen Wassers – auch Wasserdampf genannt – bezeichnet man als Luftfeuchtigkeit. Sie ist jedoch nicht der Volumenanteil, sondern das Verhältnis der jeweils aktuellen Wasserdampfmenge in der Luft zu der maximal möglichen Wasserdampfmenge in der Luft (flüssiges Wasser oder Eis bleiben unberücksichtigt). Die chemisch reaktionsunfähigen (also inerten) Edelgase Helium, Neon, Krypton und Xenon sind in der Atmosphäre in Spuren mit je einem Volumenanteil von

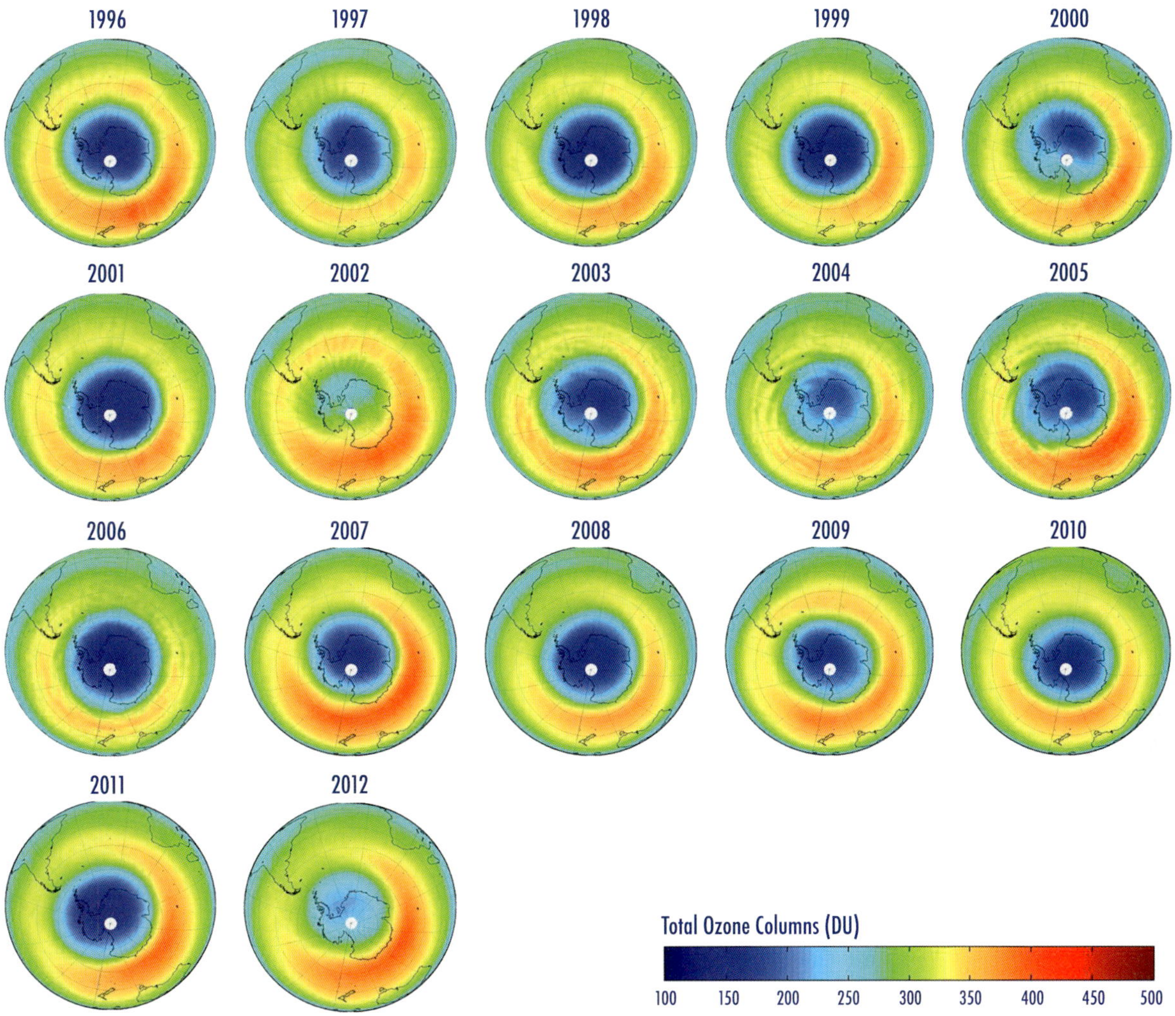

10 | Spurengase in der Erdatmosphäre. Das wichtigste Spurengas in der Erdatmosphäre ist das Ozon, da es die Messgröße für Veränderungen des Strahlungsschutzschilds der Erdatmosphäre ist. Des Weiteren spielen Spurengase eine große Rolle für den Energiegehalt der Atmosphäre, da sie durch ihr Absorptionsverhalten beispielsweise den Treibhauseffekt hervorrufen und damit die Temperatur auf der Erde beeinflussen können. Die Bildfolge zeigt die Entwicklung des Ozonlochs über der Antarktis von 1996 bis 2012.

kleiner als 0,002% vorhanden. Des Weiteren enthält die Erdatmosphäre molekulare Spurengase wie Schwefel- und Stickstoffverbindungen (SO_2, NH_3, NO, NO_2), Ozon (O_3), organische Halogenverbindungen (Kohlenwasserstoffverbindungen mit Brom, Chlor und Fluor) sowie in der Atmosphäre erzeugte Radikale.

Radikale sind kurzlebige, sehr reaktionsaktive Atomgruppen, die sowohl mit anderen Atomen oder Molekülen als auch untereinander chemische Bindungen eingehen können. Radikale spielen eine wichtige Rolle bei der Bildung von Aerosolen sowie beim Ozonabbau im arktischen Winter. **Aerosole** sind feste oder flüssige Schwebeteilchen in einem Gas, wie zum Beispiel Staub, Zigarettenrauch oder Ruß.

Die Troposphäre sowie die planetare Grenzschicht enthalten wesentlich weniger Ozon als die Stratosphäre. Der Ozongehalt ist erst im Laufe der Entwicklung der Erde, genauer gesagt mit der Entstehung der sauerstoffproduzierenden Pflanzen, angestiegen und zu einem effektiven Schutzschild für jegliches Leben auf der Erde vor den energiereichen UV-Strahlen der Sonne geworden. Auch der Vulkanismus auf der jungen Erde hatte beträchtlichen Anteil an der Formung der chemischen Zusammensetzung unserer Erdatmosphäre.

Während Edelgase keine Rolle für die chemische Entwicklung sowie die Wolkenbildung der Atmosphäre spielen, sind die Radikale für die Wolkenentstehung in der Erdatmospäre durchaus von Interesse, da sie zur Bildung von Kondensationskeimen beitragen könnten. **Kondensationskeime** sind kleinste Festkörperteilchen (zum Beispiel Aerosole), auf denen ein Gas kondensieren kann. Ein alltägliches Beispiel ist der sich an der Duschkabine niederschlagende Wasserdampf. Der physikalische Hintergrund dieses Prozesses ist, dass derartige Oberflächenreaktionen energetisch wesentlich einfacher sind als der komplizierte chemische Bildungsprozess der Oberfläche selbst, des Kondensationskeims also. Auf die Prozesse der Keimbildung und der Kondensation wird im Kapitel „Wolkenentstehung“ näher eingegangen.

Bekannte Radikale sind das Hydroxyl-Radikal OH, das Hydroperoxyl-Radikal HO_2, die Halogen- und Halogenoxid-Radikale Cl, Br, I, ClO, BrO, IO und OIO.[1]

Hätte die Erdatmosphäre eine völlig andere chemische Zusammensetzung, in der beispielsweise das Molekül CH_4 (Methan) an die Stelle unseres H_2O (Wasser) träte, so würde unser Planet nicht Wasser-, sondern Methanwolken haben. Manchem mag das weit hergeholt erscheinen, doch wir wissen, dass sich auf dem Saturn-Mond Titan Hunderte, wenn nicht sogar Tausende von Methanseen befinden. Folglich gibt es auf Titan einen Methankreislauf ähnlich dem Wasserkreislauf der Erde, der ja so nachhaltig die chemische Zusammensetzung und die Temperatur unserer Erdatmosphäre bestimmt. Mit gutem Grund können wir also einen vergleichbar wichtigen Einfluss des Methankreislaufs auf die Atmosphäre des Saturn-Monds Titan erwarten.

11 | Das Forschungsflugzeug *Halo* (*High Altitude and Long Range Research Aircraft*) des Deutschen Zentrums für Luft- und Raumfahrt dient der wissenschaftlichen Untersuchung der Erdatmosphäre. Ein Reiseflugzeug wurde dafür so umgebaut, dass eine Vielzahl von Experimenten durchgeführt werden kann. Neben der Möglichkeit, Messungen direkt auszuwerten (s. Bild links unten), hat das Flugzeug einen sogenannten *Nose Boom* (s. Bild rechts unten, linke Bildhälfte) für Druck- und Turbulenzmessungen in Winden, Feuchtigkeitsdetektoren sowie Tropfenanalysegeräte. Weitere Details siehe: www.halo.dlr

D-ADLR
HALO
DLR

Die Ionisation der Erdatmoshäre

Ionen sind wichtige Bestandteile der Erdatmosphäre, da sie ihre Fähigkeit zur Wolkenbildung beeinflussen und zudem für Leuchterscheinungen wie beispielsweise die Aurora Borealis (das Nordlicht) verantwortlich sind. Welche Ionen gibt es nun aber in der Atmosphäre und welche Rolle spielen sie? Wir werden sehen, dass sie keine unerhebliche Rolle für den Schutz des Lebens auf der Erdoberfläche spielen.

Neben der Temperatur und dem Druck sowie der chemischen Zusammensetzung kann man die Erdatmosphäre auch entsprechend der Menge des ionisierten Gases einteilen. Luft besteht immer aus Atomen, beispielsweise Neon (Ne) und Helium (He), aus Molekülen, beispielsweise Stickstoffdioxid (N_2) und Wasser (H_2O), und aus Ionen, beispielsweise das negativ geladene Hydroxylion (OH^-) oder das postiv geladene Natriumion (Na^+). Die relative Anzahl der Atome, Moleküle und Ionen wird durch die Temperatur in den planetaren Atmosphärenschichten bestimmt.

Bis 80 Kilometer Höhe in der Erdatmosphäre kann das atmosphärische Gas als neutral betrachtet werden, da die Anzahl der Ionen sehr gering ist. Diese Schicht bezeichnet man daher auch als *Neutrosphäre*. Oberhalb der Mesosphäre bewirken der hoch energetische Anteil des Sonnenlichts im ultravioletten Bereich sowie ein hoch energetischer Strom geladener Teilchen (englisch: *cosmic rays*, Kosmische Strahlung) die Ionisation der Atome und Moleküle. In der Folge steigt die Anzahl der atomaren und molekularen Ionen in der Thermosphäre stark an. Man spricht daher auch von der *Ionosphäre*. Bei Sonnenuntergang verringert sich die Anzahl der Ionen wieder, die Ionosphäre wird kleiner. Ihr vollständiger Abbau ist jedoch nur in Polarnächten möglich.

Kosmische Strahlung besteht im Wesentlichen aus einer Anzahl von Atomkernen eines weiten Energiespektrums. Zu 87% besteht sie aus Wasserstoffkernen (Protonen), zu 12% aus Heliumkernen (alpha-Teilchen) und nur zu 1% aus schwereren Atomkernen. Diese Atomkerne sind energetisch genug, um die elektrische Leitfähigkeit der Erdatmosphäre, also die Menge an Ionen, zu beeinflussen. Das in der kosmischen Strahlung vorkommende Energiespektrum umfasst einen Bereich von einigen 1000 Elektronenvolt bis zu über 10^{20} Elektronenvolt. Der Grund für die extrem große energetische Bandbreite wird noch erforscht.

Man weiß jedoch, dass der Sonnenwind sowie energetische Massenauswürfe auf der Sonnenoberfläche zur Kosmischen Strahlung beitragen. Die am höchsten energetische Kosmische Strahlung mit Energien größer als 10^{18} Elektronenvolt stammt von Quasaren und Schwarzen Löchern, die sich außerhalb unserer Galaxie, der Milchstraße, befinden.

Diese energiereiche Kosmische Strahlung aktiviert die Erdatmosphäre und ermöglicht chemische Reaktionen, die zur Wolkenbildung beitragen und die Bildung von Wolken in der Stratosphäre ermöglichen. Kosmische Strahlung ist für das Leben auf der Erde sehr schädlich und kann sogar tödlich sein. Sie wird durch Ionen erzeugende Dissoziationsprozesse aus der Luft „herausgefiltert".

Ein **Dissoziationsprozess** (lateinisch: *dissociare*, trennen) ist das Aufspalten einer chemischen Bindung in zwei oder mehrere Moleküle, Atome oder Ionen. Löst sich beispielsweise Kochsalz (NaCl) in Wasser auf, so spricht man von der Dissoziation des Salzes in seine Ionen Na^+ und Cl^-.

Ionen in der oberen Atmospäre sind somit ein Zeichen für den sicheren Schutz des Lebens auf der Erdoberfläche vor energiereichen Strahlen aus dem Weltall.

Dadurch kann die energiereiche Kosmische Strahlung die niedrigliegenden Atmosphärenschichten nicht erreichen und trifft nur sehr selten die Erdoberfläche. Wohl aber erreichen die erzeugten Ionen in Laufe der Zeit niedrigere Atmosphärenschichten, um dort dann zur Bildung von Kondensationskeimen für die Wolkenbildung beizutragen. Jedoch sei darauf verwiesen, dass nicht allein die Wolken die Erdoberfläche vor der Kosmischen Strahlung schützen, sondern auch das Erdmagnetfeld.

Wo kommen Wolken in der Atmosphäre vor?

Wolken bestimmen maßgeblich das Wettergeschehen auf der Erde. Sie kommen ausschließlich in der Troposphäre vor, und zwar in verschiedenen Höhen innerhalb der ersten ca. zehn Kilometer über dem Erdboden (Abb. 12). Die Art der gebildeten Wolken ist von den lokalen Temperatur-, Druck- und Windbedingungen abhängig, kann also durch Berge, Inseln oder Wasserflächen beeinflusst werden. Auch wenn all diese Bedingungen so vorliegen, dass sie die Entstehung einer Wolke zulassen, muss es doch zusätzlich erst noch ausreichend kondensierbares Material wie Wasserdampf sowie Kondensationskeime geben, um die Wolkenentstehung auch tatsächlich stattfinden zu lassen. Es wurden aber auch schon Wolken beobachtet, die oberhalb der Troposphäre entstanden sein müssen, also dort, wo eigentlich keine Kondensationskeime mehr vorhanden sein sollten. Wolken erreichen, in Abhängigkeit von ihren Entstehungsprozessen, verschiedene Höhen innerhalb der Troposphäre. Im Kapitel „Wolkentypen und Wetter" wird darauf näher eingegangen.

Atmosphärische Wolken gibt oder gab es auf allen Planeten unseres Sonnensystems. Venus, Saturn und Jupiter sind noch heute von dichten Wolkenschichten umhüllt. Die Erde jedoch ist der einzige Planet mit Wolken, von dem wir wissen, dass auf ihm Leben existiert. Das Leben auf der Erde ist eng an das Vorhandensein von Wasser gebunden, also an die Verfügbarkeit der Substanz, aus der die atmosphärischen Erdwolken zum größten Teil bestehen.

12 | Die Wolkenarten bei verschiedenen Höhen in der Erdatmosphäre. Neben den Wolkennamen entsprechend ihrer Klassifizierung sind auch die meteorologischen Kürzel in Klammern hinter den Namen verzeichnet.

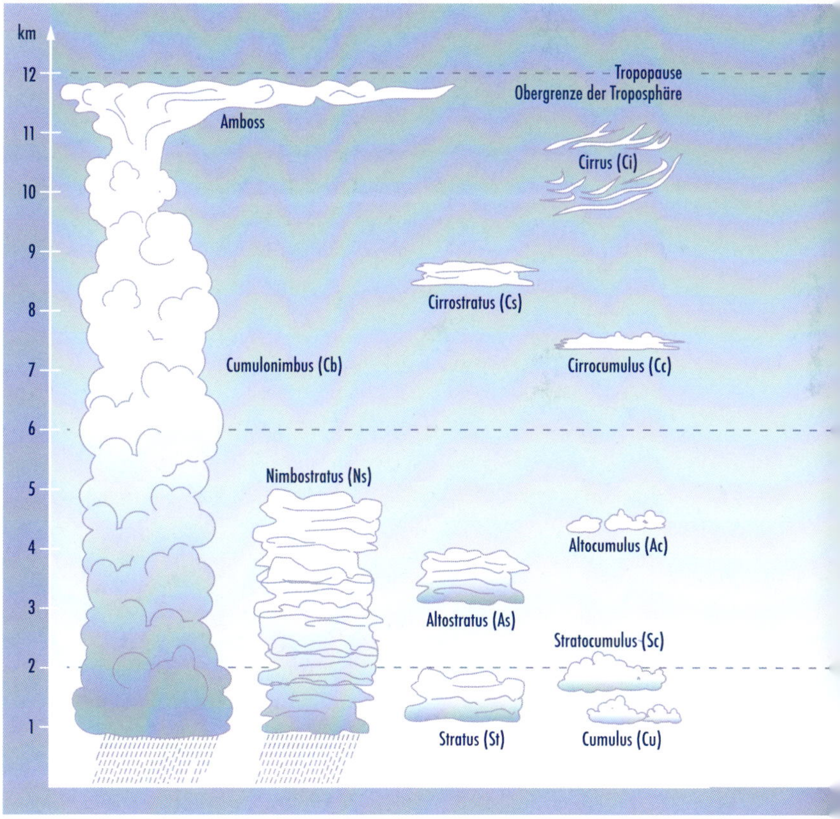

Auf unserem Planeten Erde gibt es ingesamt ungefähr 1,4 Milliarden Kubikkilometer Wasser. Das sind $1{,}4 \times 10^{18}$ Liter mit einem Gewicht von $1{,}4 \times 10^{18}$ Kilogramm. 97 % davon befinden sich in den Weltmeeren, 2 % gebunden als Eis in Gletschern und im Polareis. Die Erdatmosphäre enthält $1{,}3 \times 10^{16}$ Kilogramm Wasser, das im Wesentlichen in gasförmiger Form vorliegt ($H_2O[g]$, Wasserdampf) und lediglich ein Prozent des Gesamtwasserhaushalts der Erde ausmacht. Verteilt auf die Erdoberfläche, entspricht diese Wassermasse von $1{,}3 \times 10^{16}$ Kilogramm in der Atmosphäre 25 Kilogramm pro Quadratmeter Erdoberfläche. Würde man dieses Gewicht pro Fläche mit dem Gewicht eines Elefanten in Beziehung setzen, entspräche das lediglich fünf mittelgroßen Elefantenbullen auf eine Fläche von drei Fußballfeldern verteilt.

Im Gegensatz zu unseren Elefantenbullen ist der Wasserdampf in der Atmosphäre aber extrem inhomogen verteilt. Seine Konzentration und Lebensdauer werden durch Kondensation und Verdunstung gesteuert, also durch die Wolkenbildungsprozesse.

Kein Leben ohne Wolken

71% der Erdoberfläche sind von Ozeanen bedeckt. Die verbleibenden 29% beinhalten den Lebensraum der Menschen. Wolken transportieren das Wasser aus den Ozeanen auf das Land. Es bilden sich Flüsse und Seen daraus, aus denen (mittelbar oder unmittelbar) Äcker bewässert werden. Dieses Regenwasser ist Süßwasser, im Vergleich zu dem für die meisten Säugetiere ungenießbaren Salzwasser der Ozeane. Ohne Regenwolken wären die Landmassen von Wüsten bedeckt und Leben wäre unmöglich.

Die Wolkenbedeckung der Erde variiert zwischen totaler Bedeckung und wolkenfreiem Himmel. So kann die Sonnenenergie an wolkenfreien Tagen im optischen Spektralbereich (450 Nanometer ... 760 Nanometer) fast vollständig vom Chlorophyll der Pflanzen absorbiert und bei den Photosynthesereaktionen zur Produktion von Sauerstoff verwendet werden. Das Grün der Pflanzen ist unsere Lebensgrundlage auf der Erde, die mit der Rodung von Regenwald oder der sibirischen Billigholzproduktion für große Möbelhäuser gefährdet wird.

13 | Regenguss aus tief hängenden Wolken, Albarese, Toskana.

WOLKENTYPEN UND WETTER

Die wichtigsten Wolkentypen

Wolken beeinflussen unsere gute oder schlechte Laune – einfach dadurch, dass es sie gibt oder eben auch nicht. Ist es nicht erstaunlich und sogar verwunderlich, wie unterschiedlich Wolken aussehen können? Es gibt sie in Flauschig-weiß oder in Leuchtend-weiß, in Flauschig-grau oder einfach nur in flächigem Grau bis Dunkelgrau. Sie können zuckerwatteähnlich oder bedrohlich aussehen, haarig, langgezogen, sogar UFO-ähnlich! Der Fantasie sind keine Grenzen gesetzt.

Was aber bestimmt überhaupt das Aussehen der Wolken? Wolken unterscheiden sich in ihrer Form, in ihrer Ausdehnung, in der Größe der Wolkentröpfchen sowie in deren chemischer Zusammensetzung und in ihrem Aggregatzustand. Form und Ausdehnung sind wichtige Hinweise für Piloten, Segler oder Wanderer auf lokale Druck- und Temperaturbedingungen in der Atmosphäre und geben Aufschluss über das kommende Wetter. Wolken werden von Wind und Sonne beeinflusst und sind daher keine statischen, unveränderlichen Erscheinungen. Sie haben vielleicht selbst schon einmal Wolken beobachtet und gesehen, wie langsam aber unaufhaltsam sie ihre Formen ändern (Abb. 14). Eine Wolke kann aus einer anderen her-

14 | Wolkenveränderung. Wolken bedecken als dichter Nebel die Küste des schottischen East Neuk. Die Strahlen der aufgehenden Wintersonne sind intensiv genug, um den Stratus von oben her aufzulösen, also die Wassertröpfchen zu verdampfen. Der Stratus hat sich in einen kurzlebigen Stratocumulus und weiter in einen Altocumulus verwandelt, nachdem die Sonne vollständig aufgegangen ist.

vorgehen. Auf diese Weise können immer wieder neue Wolkenformen entstehen. Sie sind zum einen Ergebnis des chaotischen Spiels des Windes sowie zum anderen von ihrem Bildungsort in der Atmosphäre abhängig. Diese unvorhersehbare Vorhersehbarkeit fasziniert viele Menschen so sehr am *cloud spotting*[2]. So hat die *Cloud Appreciation Society,* eine Vereinigung von Wolkenfreunden, mittlerweile 32 000 Mitglieder (2013) weltweit, vor allem in Großbritannien, den USA und Deutschland.

Wolken werden nach ihrem Aussehen und ihrer Höhe in der Atmosphäre, genauer gesagt in der Troposphäre, in folgende Gattungen eingeteilt (vgl. Abb. 12):

- **tiefe Wolken (< 2000 m)**: Cumulus (Haufenwolke, Quellwolken), Cumulonimbus (Gewitterwolke), Stratus (tiefe Schichtwolke), Stratocumulus (Haufenschichtwolke)
- **mittelhohe Wolken (2000 m bis 6000 m)**: Altocumulus (große Schäfchenwolke), Altostratus (mittelhohe Schäfchenwolke), Nimbostratus (Regenwolke)
- **hohe Wolken (> 6000 m)**: Cirrus (Federwolke), Cirrocumulus (kleine Schäfchenwolke), Cirrostratus (hohe Schleierwolke)

Jede dieser Gattungen zerfällt in verschiedene Arten und Unterarten, die zudem ineinander übergehen können. Unberücksichtigt in der obigen Klassifizierung sind auch künstlich erzeugte Wolken, leuchtende Nachtwolken, Mauerwolken (siehe dazu die „Fragen und Antworten“ am Ende dieses Kapitels) sowie weitere Wolkenformationen, die sich nur unter ausgesprochen speziellen Bedingungen bilden. Man bemerke, dass die Cumuluswolke sich über alle Wolkenhöhen erstrecken kann.

15 | Sommerliche Cumuluswolken über Glen Isla, Schottland.

Die grundlegenden Wolkenformen Cumulus, Stratus, Altocumulus, Nimbostratus sowie Cirrus sollen hier kurz beschrieben werden, bevor wir uns in einem späteren Kapitel die zugrunde liegenden allgemeinen Prinzipien der Physik und Chemie der Wolkenbildung näher ansehen.

Cumuluswolken (Abb. 15) (lateinisch: *cumulus*, Haufen) bilden sich bei Auftreten eines lokal begrenzten Aufwinds in den ersten ein bis zwei Kilometern der Troposphäre. Dabei steigen wasserdampfhaltige Luftmassen durch Konvektion auf, dehnen sich aus und kühlen dabei ab. Ist die Temperatur niedrig genug, kondensiert der mitgeführte Wasserdampf auf den vorhandenen Kondensationskeimen. Es entstehen dichte, klar voneinander abgegrenzte Anhäufungen einer großen Anzahl von Wassertröpfchen. Cumuluswolken sind also reine Wasserwolken. Über einer (scheinbar) klar definierten unteren Grenze der Wolke wölbt sich der aufgebauschte, einem Blumenkohlkopf ähnliche Wolkenkörper. Der obere Teil zeigt sich bei Sonneneinstrahlung leuchtend weiß, während der Wolkenfuß durchaus grau erscheinen kann aufgrund der hohen Tröpfchenanzahl in diesem Bereich. Die Cumuluswolke kann sich zu einer Cumulonimbuswolke, einer Gewitterwolke, entwickeln, solange das wasserdampfhaltige Gas aus der unteren Atmosphäre weiter nach oben aufsteigen kann. Dieses konvektive Aufsteigen (siehe S. 18) ist möglich, solange das aufsteigende Gas leichter als das Gas der Umgebung ist, in die es aufsteigt. Der Trick hierbei ist, dass der Atmosphärendruck nach oben hin abnimmt, sodass sich das Gas ausbreiten kann und so seine Dichte in einem gegebenen Volumen geringer wird.

Stratuswolken (Abb. 16) (lateinisch: *stratus*, ausgedehnt) bilden sich in einem bis zwei Kilometer Höhe, wenn niedrige ausgedehnte Luftschichten kalt genug

16 | Ausgedehnte Stratuswolken über Schottland: Eine nahezu einheitliche Wolkendecke erstreckt sich großflächig übers Land.

17 | Eine Front von Nimbostratus (rechts im Bild) braut sich über dem amerikanischen Grand Teton Gebirge im Bundesstaat Wyoming zusammen. Links im Bildvordergrund sind noch Cumuluswolken sichtbar. Kurz darauf folgte anhaltender Regen.

sind und eine ausreichende Menge Wasserdampf mit sich führen. Der Wasserdampf besteht vorwiegend aus kleinen Wassertröpfchen, die wir, wenn es kalt genug ist, als Sprühregen oder Schneegriesel zu spüren bekommen können. Der Stratus ist damit eine Wolke, die bis zum Erdboden reicht.

Er kann über lange Zeit die Sonne oder den Mond verdecken, im Vergleich zu den nur kurzzeitigen Bedeckungen durch eine Cumuluswolke. Der Stratus ist eine fast durchgehend graue Wolkenschicht mit einer unteren Kante, die dünn genug ist, dass man die Sonne oder den Mond hindurchsehen kann. Aus dem flachen Stratus kann sich ein Stratocumulus entwickeln, der eine ausgedehnte Wolkenschicht kleiner Cumuluswolken darstellt.

Nimbostratuswolken (Abb. 17) (lateinisch: *nimbus*, Wolke, Regenwolke) bestehen aus einer ausgedehnten, tief liegenden, dunkelgrauen Wolkenschicht mit stark diffuser Unterseite, aus der anhaltender Niederschlag in Form von Regen, Schnee, Eiskörnern oder Graupel fällt. Diese Niederschläge erreichen zumeist den Erdboden. Nimbostratuswolken entstehen durch großflächiges Aufgleiten warmer Luft auf kalte Luft (Warmfront). Ihre horizontale Ausdehnung kann daher mehrere Hundert Kilometer erreichen. Sie kann von einem bis sechs Kilometer Höhe in der Troposphäre wachsen. Die Schicht ist so dicht, dass die Sonne nicht mehr sichtbar ist. Unterhalb der Nimbostratuswolke treten häufig niedrige, zerfetzte Wolken auf, die mit ihr zusammenwachsen können.

Altocumulus (Abb. 18) (lateinisch: *altum*, Höhe) sind hoch liegende Cumuluswolken, die aber kleiner als die niedrig liegenden Cumuluswolken sind und zudem in Form ausgedehnter Wolkenfelder auftreten. Sie bestehen überwiegend aus Wassertröpfchen, unter Umständen aber auch aus Eiskristallen, wenn die Temperatur niedrig genug ist.

Cirruswolken (Abb. 19) (lateinisch: *cirrus*, Haar) bilden sich zwischen zehn und zwölf Kilometer Höhe in der Atmosphäre, sodass diese Wolken aus Eis- und Schneekristallen bestehen. *Cirrus* bedeutet „Haar“ und beschreibt die Form der Wolken treffend. Cirruswolken erscheinen als silbrig glänzende Wolkenfetzen und gleichen Schlieren und Büscheln. Sie erscheinen leuchtend weiß, dünn und faserig. Sowohl Wetterturbulenzen führen zur Cirrusbildung als auch die Abgase und Turbulenzen hinter Flugzeugen (Kondensstreifen), deren durchschnittliche Reisehöhe elf Kilometer beträgt.

Bei all diesen Wolkenkategorien stellt sich die Frage, warum sich verschiedene Wolken in verschiedenen Höhen bilden. Die Antwort liegt zum einen in der Verteilung der Kondensationskeime sowie zum anderen in der Verteilung des zur Verfügung stehenden kondensierbaren Wasserdampfs. Beides ist abhängig von den Windverhältnissen in der Troposphäre. Windrichtung und Windstärke werden des Weiteren stark von den lokalen Gegebenheiten, wie Berge oder Bergketten, beeinflusst. Die immer wieder gern als UFO misinterpretierte Altocumulus-lenticularis-Wolke entsteht zum Beispiel, wenn Wind einen Berghang hinaufgezwungen wird (Abb. 20). Das Kapitel „Winde, die Wolken formen“ widmet sich dieser Frage sowie der Frage nach der physikalischen Ursache der Formenvielfalt im Detail.

18 I Altocumulus, hochliegende Cumuluswolken, mit Sonnenuntergang im Hintergrund über dem Grand Teton National Park. Cirrocumulus oben links.

19 | Cirruswolken über Glen Isla, Schottland. Sie bestehen aus Eis- und Schneekristallen, die in Schlieren oder Büscheln angeordnet sind. Altocumulus ist sichtbar in der unteren Mitte des Bildes.

20 | Altocumulus-lenticularis-Wolke, die man leicht als unerklärliches Flugobjekt deuten kann. Oft treten Altocumulus-Wolken auch in Gruppen auf.

Wolken und Wetter

Die Bildung der Wolken hängt von lokalen Gegebenheiten ab, also von Temperatur, Druck, Wind sowie von der Menge des in der Atmospäre vorhandenen Wassers und der Menge der Kondensationskeime. Durch Wetterbeobachtungen weiß man, dass manche Wolkenformen ein bestimmtes Wetter nach sich ziehen.

Cumuluswolken etwa treten zumeist bei schönem Wetter auf. Dieser typische Schönwetter-Cumulus bildet sich erst im Laufe des Tages aus, wenn sich der Boden bereits aufgeheizt hat und damit genügend Wasserdampf in der Luft zur Verfügung steht. Turmartige Cumuluswolken am Morgen können hingegen ein sich entwickelndes Gewitter andeuten, wenn es genügend Aufwind gibt. Sind die Cumuluswolken hingegen eher kugelig, wird es möglicherweise regnen, aber nicht gewittern.

Die Sichtung eines hoch liegenden Cirrus, der silbrig glänzenden Wolkenfetzen ähnelt, deutet auf eine hohe Luftfeuchte in der Atmosphäre ab einer Höhe von etwa sechs Kilometern hin. Aufgrund der großen Höhe bestehen diese Wolken aus kleinen Eiskristallen. Cirruswolken sind häufig die ersten Anzeichen einer Warmfront, bevor rund 24 Stunden später die eigentliche Schlechtwetterfront auftritt. Sie bringt dann lang anhaltenden Landregen in Form des Nimbostratus. Cirruswolken sind jedoch nur bei fallendem Luftdruck Schlechtwetterboten.

Eine Warmfront ist eine warme Luftmasse, die einer kalten Luftmasse vorangeht. Im umgekehrten Fall spricht man von einer Kaltfront. Die Warmluft gleitet meistens großflächig und langsam auf die kalte Luft auf, die schwerer ist und damit unterhalb der Warmluft liegt. In dieser Aufgleitzone bilden sich verschiedene Wolkenformen aus, nämlich zunächst Cirrostratus-, dann Altostratus- und schließlich auch Nimbostratuswolken. Aus den Nimbostratuswolken beginnt es dann zu regnen, und zwar in der Regel lang anhaltend und gleichmäßig (sogenannter Landregen).

Wolkenbeobachtungen erlauben uns eine örtlich recht zuverlässige Wetterprognose, da sie sich an lokalen Gegebenheiten orientieren. Die örtliche Wetterbeobachtung berücksichtigt bereits den Einfluss der lokalen Erdoberfläche, wie beispielsweise den der Berge, Wiesen oder Seen. Als Faustregel gilt, dass schnelle Änderungen zumeist nur von kurzer Dauer sind und es unbeständig wird. Langsame Wetteränderungen ziehen hingegen eine länger anhaltende Wetterlage nach sich.

Auch wenn Sie ein guter Wetterbeobachter sind, sollten Sie sich vor einer Bergtour immer beim Wetterdienst nach einer Langzeitprognose erkundigen. Während der Tour hilft Ihnen dann die Beobachtung der Natur. Hier sind einige typische Beispiele von Wolkenveränderungen, die auf das lokale Wetter schließen lassen:

- Eine Verschlechterung des Wetters ist zu erwarten, wenn sich klare Wolkenkonturen allmählich auflösen. Stabile Wolkenkonturen zeigen hingegen eine stabile (Schön-)Wetterlage an.
- Zeigt der Mond sich leicht verschleiert und ist er umgeben von farbigen Ringen, ist binnen 24 Stunden mit Regen zu rechnen. Schönes Wetter ist also nur dann zu erwarten, wenn der Mond sich klar am Nachthimmel zeigt.
- Wenn die Sonne hinter einem Dunstschleier verschwindet und ihre Konturen unscharf werden, deutet das ebenfalls auf eine Wetteränderung hin. Die Luftfeuchtigkeit, die hier sichtbar wird, wird bald zu Wolken kondensieren und sich später als Regen zeigen.
- Hat sich nach einer klaren Nacht kein Tau oder Reif auf den Blättern im Freien gebildet, wird es spätestens

am Abend regnen. Ist der in der Luft enthaltene Wasserdampf jedoch bereits in der Nacht als Tau oder Reif kondensiert, wird es ein Tag ohne Regen.

- Gute Sicht in der Nacht auf die funkelnde Milchstraße kündet von gutem Wetter in den folgenden Tagen.
- Sich auflösender Morgennebel bringt einen schönen Tag. Steigt er aber auf und hält sich, verschlechtert sich das Wetter. Doch Achtung: Gerade in Bergregionen kann aufsteigender Nebel auch verdunsten. Fragen Sie doch einmal die einheimische Bevölkerung nach typischen Wetterzeichen der Region!
- Eine schwarz-graue Cumuluswolke, die sich in eine Cumulonimbuswolke verwandelt, ist ein sicheres Anzeichen für ein bevorstehendes Gewitter. Je weißer die Cumuluswolken sind, desto länger hält sich das schöne Wetter.
- Steigt Rauch aus Schornsteinen senkrecht in die Höhe, deutet das auf schönes Wetter hin. Wird der Rauch hingegen zu Boden gedrückt, ist Regen im Anzug.

Jeder kennt Bauernregeln, die häufig auf Langzeitbeobachtungen beruhen und demnach auch gern Langzeitvorhersagen machen. Bauern waren schon immer auf eine möglichst verlässliche Wetterprognose angewiesen, auch ohne Temperatur- und Druckmessung oder Klimasimulationen wie diejenigen des Riesencomputers *Earth Simulator*[3]. Beispiele sind „Schneit's im Oktober gleich, dann wird der Winter weich“, „Sitzt im November fest das Laub, wird der Winter hart, das glaub'“, „Wenn die Gänse eine dicke Federschicht haben, wird der Winter hart“ oder „Wenn Füchse bellen und Wölfe heulen, wird große Kälte noch lange weilen“.

Nicht nur die Beobachtung des Wetters über lange Zeiten erlaubt Prognosen, auch die Beobachung der Flora und Fauna wird mit einbezogen.

Allerdings muss man bei solchen Bauernregeln berücksichtigen, dass sie auf lokalen Beobachtungen beruhen und nicht ohne Weiteres auf andere Gegenden übertragbar sind. Daher sind Bauernregeln wie zum Beispiel „Auf einen trüben Morgen folgt ein heiterer Tag“ nicht allgemeingültig. Andere Sprüche wie „Je weißer die Schäfchen am Himmel gehen, desto länger bleibt das Wetter schön“ oder „Auf die schönsten Sommertage folgen die größten Wetter“ sind dagegen völlig unabhängig davon, ob man sich im Bergland oder an der See aufhält. Statistisch gesehen treten Gewitter in Mitteleuropa nämlich am häufigsten am späteren Nachmittag zwischen 15 und 18 Uhr auf.

Mit Vorsicht ist der im Mittelalter entstandene Hundertjährige Kalender zu gebrauchen, da er davon ausgeht, dass sich die globale Wetterlage alle sieben Jahre wiederholt. Und das entspricht nun einmal nicht der Realität.

Fragen und Antworten

Was sind Mauerwolken?

Mauerwolken (Abb. 21) treten meistens im Zusammenhang mit Gewitterwolken auf und bilden sich unterhalb der eigentlichen Wolke im regenarmen Bereich. Sie markieren das Gebiet eines kräftigen Aufwinds der Schauer- oder Gewitterwolke. Sie entstehen, wenn die Kondensationsgrenze lokal herabgesetzt wird, zum Beispiel durch einen Temperaturabfall unterhalb einer Gewitterwolke. Da feuchte Luft aus dem Niederschlagsbereich in den Aufwindbereich unter der Regenwolke gesaugt wird, kann es in so einem Fall bereits unterhalb der Wolken-

21 | Imposante Mauerwolke.

grenze zur Kondensation kommen. Rotiert die Mauerwolke, kann man das als Tornado-Warnung verstehen.

Kann man das Wetter „fühlen"?

Manche Menschen sind wetterfühlig. Kann das sein? Man muss hier etwas genauer zwischen der subjektiven Wetterfühligkeit und der Wetterempfindlichkeit unterscheiden. Bei einer Wetterempfindlichkeit liegt meist eine chronische Erkrankung vor. So verstärken sich wetterabhängig beispielsweise Gelenkschmerzen bei Rheumatismuspatienten. Man kennt die Wetterempfindlichkeit insbesondere von alten Menschen, auch von Kranken. Und richtig: dem Reißen in den Knochen, von dem sie sprechen, folgt eine Verschlechterung des Wetters.

Wetterfühlige gibt es hingegen auch unter der jüngeren Bevölkerung: Einem Migräneanfall, einer Schwindelattacke folgt oft prompt ein Wetterwechsel. Der Körper reagiert auf die der Wetteränderung vorausgehende Temperatur- und Luftdruckänderung. Besonders unangenehm werden Wechsel der Luftfeuchtigkeit und der Temperatur empfunden, da unser Körper bestrebt ist, eine konstante Kerntemperatur beizubehalten.

Der warme Fallwind der Alpen, der Föhn, ist in den Voralpengebieten als „Schlechte-Laune-Verursacher" bekannt. Aber auch anders herum ist es möglich: Ist das Wetter stabil schön, herrscht „eitel Sonnenschein". Der

22 | Blauer Himmel, weiße Wolken, dunkles Meer: Das blaue Licht wird stärker an den Luftmolekülen gestreut als der rote Anteil des Sonnenlichts, d. h., der blaue Sonnenlichtanteil wird in alle Richtungen abgelenkt, wogegen der rote vergleichsweise ungestört weiterläuft. Die trockene Luft über den Wolken ist tiefblau, feuchte Luft unterhalb der Wolken eher graublau. Die Wolken erscheinen weiß, da die Wolkentröpfchen wesentlich größer sind als die Luftmoleküle und es zu Mehrfachstreuung zwischen den Teilchen kommt.

medizinische Hintergund der Wetterfühligkeit ist eigentlich einfach: Der menschliche Körper kann sich nicht schnell genug an die sich ändernden äußeren Temperatur- und Druckverhältnisse anpassen. Der Wetterfühligkeit kann man in der Regel durch Abhärtung, also viel Kontakt mit jedem Wetter, entgehen.

Warum sind Wolken weiß?

Schaut man genau hin, sieht man, dass nur bestimmte Wolken weiß sind. Das liegt an der Streuung des Sonnenlichts an den Wolkentröpfchen, die größer oder gleich der Größe des einfallenden Sonnenlichts sind (*large particle limit* der Mie-Theorie, so benannt nach dem Physiker Gustav Mie). So werden alle Wellenlängen des sichtbaren Anteils des Sonnenlichts gleich stark gestreut. Der sichtbare Teil der Sonnenstrahlung liegt zwischen 0,380 und 0,780 Mikrometer, wohingegen Wolkentröpfchen einen Durchmesser von einem bis 15 Mikrometern haben. Ein Mikrometer ist ein Tausendstel eines Millimeters. Häufen sich ganz viele dieser kleinen Wassertröpfchen an, kommt es zu Mehrfachstreuungen, und die Wolken erscheinen grau und dunkler.

Warum sind Wolken weiß, das Meerwasser aber blau?

Die Wolken, Meere und Seen des Planeten Erde bestehen alle aus flüssigem Wasser – und sind doch farblich sehr unterschiedlich. Wolken können weiß bis grau sein, Meereswasser erscheint uns blau oder zumindest dunkel. Der Grund dafür ist nicht eine Verunreinigung des Wassers und auch nicht die Reflexion des Himmels. Der Grund für den Farbunterschied liegt darin, wie das Wasser auftritt: Das Wasser der Wolken kommt in Form kleiner Tröpfchen vor, wohingegen das Meerwasser als riesige Wassermasse vorliegt.

Flüssiges Wasser hat intrinsisch eine blaue Farbe, weil es den roten Anteil des sichtbaren Sonnenlichts absorbiert. Der zugrunde liegende Prozess der Absorption eines Photons geht auf eine der fundamentalen Erkentnisse der modernen Physik zurück, durch die Physiker wie Albert Einstein, der Däne Niels Bohr sowie Werner Heisenberg den Nobelpreis für Physik gewinnen konnten: Ein Atom oder Molekül kann nur bestimmte Quanten von Energie aufnehmen, also absorbieren. Diese aufgenommene Energie kann dann zur Rotation oder Vibration des gesamten Moleküls führen. Die Quanten oder, anders gesagt, wohl definierte Mengen von absorbierbarer Energie werden durch den Aufbau des jeweiligen Atoms oder Moleküls bestimmt.

Wasser absorbiert also besonders gut die Energiequanten, die den roten Anteil des Sonnenlichts bilden. Man

Nobelpreise für Physik

Albert Einstein: 1921, „für seine Verdienste um die theoretische Physik, besonders für seine Entdeckung des Gesetzes des photoelektrischen Effekts"

Niels Bohr: 1922, „für seine Verdienste um die Erforschung der Struktur der Atome und der von ihnen ausgehenden Strahlung"

Werner Heisenberg: 1932, „für die Begründung der Quantenmechanik"

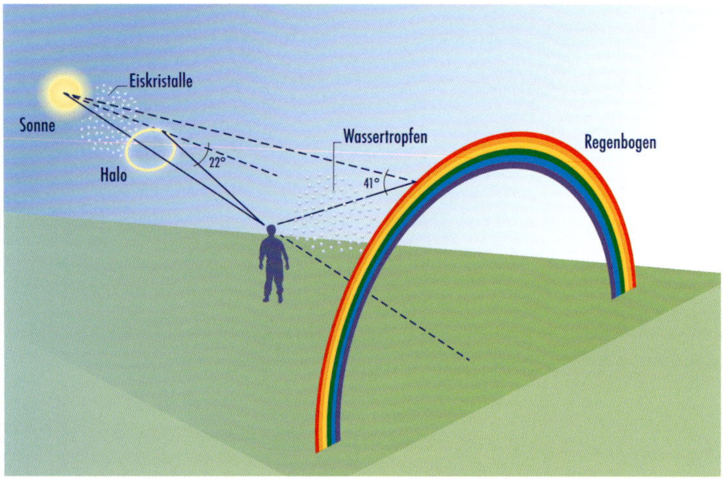

23 | Geometrische Anordnung, die zur Entstehung eines Regenbogens oder eines Halos führt. Beim Regenbogen steht der Betrachter zwischen Sonne und Regenwand. Beim Halo steht der Beobachter vor Sonne und Halo.

sagt auch: Ein quantenmechanischer Vibrationszustand in jedem der Wassermoleküle wird hoch angeregt, weil das rote Licht genau die richtige Energie besitzt.

Dieser Absorptionsprozess ist verantwortlich für die blaue Farbe des Meeres. Je tiefer das Wasser, desto tiefer ist auch das Blau, da mehr Wassermoleküle zur Verfügung stehen, um das rote Licht herauszufiltern. Was wir sehen, ist der verbleibende blaue, der dem roten komplementäre (Energie-)Anteil des Sonnenlichts. Die Wassertröpfchen einer Wolke wären an sich auch blau, jedoch spielt hier die Streuung des Lichts an der Oberfläche der Wolkentröpfchen eine größere Rolle als die Absorption des roten Lichtanteils. Die Farbe der Wolken geht darauf zurück, dass sie aus vielen Tröpfchen bestehen, wobei jedes einzelne einen äußeren Rand hat, an dem das Sonnenlicht gestreut wird. Die Wolkentröpfchen sind – wie bereits erwähnt – gleich groß oder größer als die Wellenlänge der Sonnenstrahlung, wodurch die Wellenlängenabhängigkeit des Streuprozesses wegfällt. Deshalb treten alle Farben mit gleicher Intensität auf. Die weiße Farbe der Wolken ist also ein Zeichen dafür, dass hier alle Farben gleichzeitig auftreten. Der gleiche Prozess ist auch der Grund dafür, dass Schneeflocken weiß sind. Für die Farben der Wolken und des Meeres sind daher zwei verschiedene physikalische Prozesse verantwortlich. Ein wieder anderer Prozess, nämlich die Lichtbrechung, ist für die Entstehung des Regenbogens verantwortlich.

Wie entsteht ein Regenbogen?

Ein Regenbogen entsteht, wenn das Sonnenlicht durch eine Regenwand fällt und beim Durchgang durch die Wassertropfen in seine Spektralanteile zerlegt wird. Der Beobachter hat den Regenbogen vor sich und das Sonnenlicht hinter sich. Die Grafik (Abb. 23) verdeutlicht die Geometrie des Lichtverlaufs in Bezug auf den Beobachter bei der Bildung eines Regenbogens. Dabei erfolgt die Brechung des Lichts jeweils beim Ein- und beim Austritt in und aus dem Wassertröpfchen. Das ist der gleiche Effekt wie bei der Lichtbrechung durch ein Prisma.

Beim Tröpfchen kommt hinzu, dass das einmal gebrochene Licht an der Rückwand des Tröpfchens zusätzlich

24 | Doppelregenbogen. Ein Regenbogen entsteht, wenn das Sonnenlicht durch eine Regenwand fällt und beim Durchgang durch die Wassertropfen in seine Spektralanteile zerlegt wird. Wird der Lichtstrahl im Tropfen zwei- oder mehrmals reflektiert, sehen wir zwei oder mehrere Regenbogen mit jeweils alternierenden Farbverläufen und größeren Radien.

noch reflektiert wird, bevor es beim Austritt erneut gebrochen wird. Durch die Reflexion kehrt sich der Farbverlauf um.

Wesentlich für den Regenbogen ist die gekrümmte Oberfläche der Wassertröpfchen, da so verschiedene Lichtstrahlen in Abhängigkeit von ihrem Auftreffpunkt auf der Tröpfchenoberfläche unterschiedlich stark gebrochen werden. Der Winkel zwischen dem einfallenden und dem austretenden Licht ist wellenlängenabhängig (von der Energie des durch das Tröpfchen hindurchscheinenden Lichts), sodass es zu einer Auffächerung des gebrochenen Lichts kommt, was wir dann rotationssymetrisch als oberen Rand eines Trichters mit diesem Öffnungswinkel als Regenbogen sehen.

Wird der Lichtstrahl im Tropfen zwei oder mehrmals reflektiert, sehen wir zwei oder mehrere Regenbogen mit jeweils alternierenden Farbverläufen und größeren Radien (Abb. 24). Auch Mondlicht kann zu einem Regenbogen führen, nur ist dessen Intensität aufgrund der geringen Leuchtkraft des Mondes sehr gering. Dabei ist außerdem zu bemerken, dass der Mond selbst nicht leuchtet, sondern von der Sonne angestrahlt wird, sodass es sich indirekt auch in diesem Fall um Sonnenlicht handelt, das uns einen Regenbogen vor Augen führt.

25 | Gewaltige Wolkenbildungsprozesse. Ein Tornado (links im Bild) kann bei der Bildung von Cumulus- und Cumulonimbuswolken entstehen. Der Wirbel reicht vom Boden (oder der Meeresoberfläche) bis zur Wolkenuntergrenze und ist mit der Entstehung konvektiver Wolken aus feuchten Luftmassen verbunden.

WOLKENENTSTEHUNG

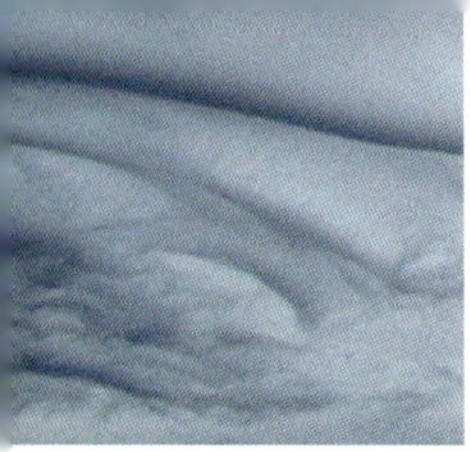

Wolken besser verstehen

Wolken werden im Labor zu Forschungszwecken erzeugt, um die Bildung der Wolkentropfen besser zu verstehen und der Frage nachzugehen, welchen Einfluss beispielsweise die chemische Zusammensetzung von Kondensationskeimen auf die Wolkenbildung hat. Im Leipziger Wolkenturm des Leibniz-Instituts für Troposphärenforschung wurden erstmals unter kontrollierten Bedingungen Wolkentröpfchen erzeugt und wurde während des Bildungsprozesses ihre Veränderung bis hin zum Hagelkorn genauestens studiert.

Dieses Kapitel befasst sich mit den physikalischen und chemischen Prozessen der Wolkenentstehung. Wir werden sehen, wie das Zusammenwirken von Prozessen auf atomaren Skalen (der Größenebene von Atomen und Molekülen) und auf makroskopischen Skalen (wie der Größe einer Stadt) zur Bildung von Wolken führt. Die Entstehung einer Wolke verändert den Zustand ihrer Umgebung, der planetaren Atmosphäre, durch einen Phasenübergang vom gasförmigen in den flüssigen (Regen) oder in den festen (Hagel) Zustand der kondensierenden Materie und beeinflusst deren Temperatur-, Druck- und Windverhalten.

Ist die Temperatur der Atmosphäre niedrig genug, sodass eine ausreichende Übersättigung oder Luftfeuchtigkeit vorhanden ist, kommt es zur Kondensation von flüssigen Tröpfchen wie auf der Erde oder auch zur Bildung fester Partikel. Jedoch ist es sehr schwer, reine Wassertröpfchen in der Troposphäre der Erde zu bilden, also dort, wo die Wolken entstehen!

Damit sich eine Wolke aus Wassertröpfchen bilden kann, muss Wasserdampf auf bereits in der Atmosphäre befindlichen festen Oberflächen kondensieren können. Man spricht hier von einem Kondensationskeim. Das können beispielsweise Sandkörner oder Aerosole (vergleiche Infokasten Seite 22) sein. Wir kennen diesen Prozess von dem sich auf Blättern oder Autoscheiben niederschlagenden Morgentau oder dem sich an Zweigen oder auf Blättern als Tröpfchen sammelnden Nebel (Abb. 26). Sind die Temperaturen niedrig genug, schlägt sich die Luftfeuchtigkeit als Eis nieder und wir müssen unsere Autoscheiben im Winter freikratzen.

Die Magie der Atome

Möchte man die Bildung von Wolken verstehen, muss man sich mit der Bildung ihrer Bestandteile, also mit der Bildung der einzelnen Wolkenpartikel oder Wolkentröpfchen befassen. Sie sind sehr klein und wachsen im Laufe ihrer Entwicklung von der Größe eines Wassermoleküls von zwei Ångstrøm bis zur Größe eines Regentropfens von ca. drei Zentimetern. Wir begeben uns also in den mikroskopischen Bereich, den Bereich der Atome und Moleküle, aus dem heraus zentimetergroße Wolkenteilchen entstehen.

Ein **Ångstrøm** ist eine atomare Längeneinheit, die nach dem Schwedischen Physiker Anders Jonas Ångstrøm benannt wurde. Einem Ångstrøm entsprechen 0,1 Milliardstel Meter, also 10^{-10} Meter oder 10^{-8} Zentimeter. Ein Ångstrøm ist die typische Größenordnung für den Radius eines Atoms oder Ions oder für die Bindungslänge in einem Molekül.

Die Bildung von Wolkenpartikeln ist eine Kette chemischer Prozesse, die mit der Bildung sogenanner Keime (auch: Kondensationskeime oder Kondensationskerne) beginnt. Haben sich diese gebildet oder sind sie bereits vorhanden, kann sich das Volumen des Wolkentröpfchens oder Wolkenteilchens durch weitere Kondensationsprozesse auf der Keimoberfläche sehr schnell erheblich vergrößern.

Die Bildung des Kondensationskeims (auch Nukleation genannt) führt durch eine Reihe von chemischen Reaktionen zum Übergang aus dem gasförmigen in den flüssigen oder festen Aggregatzustand. Das ist der Phasenübergang, der zur Bildung der Wolkenpartikel führt und in Form des Phasendiagramms (vgl. Abb. 6) demonstriert ist. Auf diesem chemischen Pfad entstehen mit jedem Reaktionschritt größere und komplexere Moleküle, die ab einer bestimmten Größe als Cluster bezeichnet werden. **Cluster** sind molekülartige Strukturen, die sich bezüglich ihrer Größe zwischen Molekülen und kleinen Festkörperteilchen befinden. Cluster stellen den Übergang vom atomaren/molekularen Bereich in den Bereich der Festkörper/Flüssigkeiten dar. Sie sind ein Zusammenschluss mehrerer kleiner Einheiten zu einem größeren Gebilde. Jeder dieser Reaktionsschritte erfordert, dass sich alle im Gas herumschwirrenden Reaktionspartner zur gleichen Zeit treffen. Das ist bei einer so geringen Dichte wie in der Mesosphäre der Erde nicht selbstverständlich. Hohe Dichten und hohe Drücke führen daher zu einer höheren Wahrscheinlichkeit, dass die Reaktionpartner zusammenstoßen und eine chemische Reaktion stattfinden kann. Die Häufigkeit der Reaktionspartner wird neben der Dichte ganz wesentlich auch von der lokalen Temperatur bestimmt. Eine Reaktionskette könnte beispielsweise die Nukleation eines Wassertropfens durch das wiederholte Hinzufügen eines Wassermoleküls sein. Eine solche homogene Nukleation des Wassers ist aber nicht ohne Weiteres möglich. Wahrscheinlicher und effizienter ist hingegen die Kondensation der Wassermoleküle auf einer vorhandenen Oberfläche. Das ist der Hauptmechanismus zur Wolkenbildung auf der Erde. Ein Stoßpartner in Form eines Atoms oder Moleküls auf der Keimoberfläche kann „warten“, bis der richtige Stoßpartner erscheint. Die Kondensation von Wasser geschieht entweder durch Adhäsion auf dem nackten Keim oder durch Kohäsion auf einem bereits mit Wasser benetzten Keim. Der Adhäsionsprozess wird durch die polare Eigenschaft der Wassermoleküle begünstigt, sodass ein Keim fast unmittelbar mit einer Wasserhaut überzogen wird. Diese Problematik wird noch einmal deutlich, wenn man bedenkt, dass ein

26 | Wasserkondensation auf einer Oberfläche. Der Morgentau schlägt sich auf der Oberfläche eines Blatts nieder und bildet dort kleine Tröpfchen.

ADHÄSION, KOHÄSION UND POLARITÄT

Adhäsion (lateinisch: *adhaerere*, anhaften) ist die Anziehung zwischen verschiedenartigen Teilchen oder die Anhaftung eines Gasteilchens auf einer chemisch verschiedenen Oberfläche. Die Adhäsionskraft ist die Bindungskraft zwischen zwei unterschiedlichen Phasen.

Kohäsion (lateinisch: *cohaerere*, zusammenhängen) bezeichnet den Zusammenhalt zwischen zwei gleichartigen Teilchen. Die Kohäsionskraft ist die Bindungskraft zwischen Atomen und Molekülen innerhalb eines Stoffs.

Polarität entsteht durch Ladungsverschiebung in Atomgruppen, die zur Bildung getrennter Ladungsschwerpunkte führt. Damit ist das Molekül zwar als Ganzes elektrisch neutral, nicht aber einzelne Atomgruppen des Moleküls. Polare Stoffe lösen sich gut in polaren Lösungsmitteln, wie zum Beispiel Salz oder Zucker in Wasser. Ebenso lösen sich unpolare Stoffe (beispielsweise Fett) gut in unpolaren Lösungsmitteln (wie etwa Alkohol).

völlig kernfreier Wassertropfen auf bis zu –40 °C unterkühlt werden kann, ohne zu gefrieren. Der Übergang in den festen Aggregatzustand wird auch hier erst möglich, wenn ein Keim vorhanden ist, der jedoch nicht aus einer löslichen Substanz bestehen darf.

Das können Sie in einem Experiment nachvollziehen: Zuerst wird abgekochtes, destilliertes Wasser immer weiter abgekühlt. Idealerweise wird das Wasser auf weit unter 0 °C abgekühlt. Nun streuen Sie etwas Sand in das unterkühlte, doch noch immer flüssige Wasser. Was geschieht? Das Wasser gefriert! (siehe dazu auch den Abschnitt „Kann man Wolken „machen"?" im Kapitel „Winde, die Wolken formen").

Woher kommen nun aber die für die Wolkenbildung notwendigen Kondensationskeime in der Erdatmosphäre, wenn die reine Wassernukleation nicht funktioniert? Sandstürme (vgl. Abb. 5) und Vulkanausbrüche (Abb. 27 & 28) produzieren Staubteilchen, die in die Troposphäre geschleudert werden und dort als Kondensationskeime für die Wassertropfenbildung dienen. Aber auch Waldbrände oder die an der Küste brechenden Wellen (Abb. 29) erzeugen Keime, auf denen Wasser kondensieren kann. Der Wasseranteil dieser kleinen Meerwassertropfen und -bläschen verdunstet schnell und der verbleibende Salzkeim wird bis in die Troposphäre getragen. Wasserkondensation tritt bevorzugt auf einem löslichen (Salz-)Keim auf.

Staub aus der Sahara wird regelmäßig bis zu fünf Kilometer hoch geweht und kann in Ausnahmefällen eine Fläche von 500 000 Quadratkilometern einnehmen. Einmal in der Atmosphäre, zieht der Saharastaub bis in die Karibik oder an die südamerikanische Küste und in das Amazonasgebiet. Diese Mineralstäube sind die größte Quelle für Kondensationkeime in der Erdatmosphäre. Die zweitgrößte Quelle sind Meersalzpartikel, die jedoch über dem Land keine große Rolle spielen. Sandstürme und das Brechen der Meereswellen sind nur möglich, weil die Erde eine feste Oberfläche hat, die mit einer wolkenbildenden Atmosphäre in Berührung steht – ganz im Gegensatz zu den großen Gasplaneten unseres Sonnensystems, Jupiter und Saturn.

Neben den mechanisch in die Troposphäre beförderten Keimen treten dort auch Aerosole als Kondensations-

keime auf. Sie bilden ungefähr ein Drittel aller Keime und entstehen durch die Oxidation von Schwefeldioxid (SO_2) zu Schwefelsäure (H_2SO_4) oder zu Sulfaten. Sulfate sind die Salze der Schwefelsäure.

Eine andere Quelle der Keimbildung ist möglicherweise die Bildung von Aerosolen in der Stratosphäre, wo die UV-Strahlung der Sonne und die Kosmische Strahlung die Bildung hoch reaktiver Ionen und Radikale in der Ionosphäre bewirken. Da die Dichten aber sehr gering sind, ist die Keimbildungseffizienz recht begrenzt.

27 I Vulkanasche wird während des Vulkanausbruchs hoch in die Atmosphäre geschleudert. Der isländische Vulkan Eyjafjallajökull schleuderte seine Asche bis zu 1000 Meter hoch und behinderte so 2010 den europäischen Flugverkehr erheblich.

Neben der grundsätzlichen Einleitung des Wolkenbildungsprozesses bestimmt also die Anzahl der in die Atmosphäre getragenen Keime oder die Anzahl der gebildeten Keime auch die Anzahl der Wolkenpartikel. Die Anzahl der Keime ist auf der Erde über den Kontinenten größer als über den Ozeanen, folglich wird es eine ver-

28 | Der amerikanische Vulkan Mount St Helens. Der Ausbruch des Vulkans im US-Bundesstaat Washington im Jahr 1980 war einer der stärksten Vulkanausbrüche des 20. Jahrhunderts. Innerhalb von zehn Minuten hatte sich eine Aschesäule mit einer Höhe von 19 Kilometern gebildet, die zehn Stunden lang Aschepartikel in die Stratosphäre schleuderte und mit ca. 100 km/h in nordöstliche Richtung getragen wurde.

gleichsweise größere Zahl von Regentropfen über dem Land geben. Das bedeutet aber auch, dass die Wolkentropfen über den Meeren größer werden können als über den Kontinenten, da hier in grober Näherung die gleiche Menge Wassermoleküle auf einer in Summe geringeren Gesamtoberfläche der Keime kondensiert. Der Effekt kann sich umkehren, wenn es auf dem Meer sehr windig ist und viel Gischt entsteht, die die Anzahl der Kondensationskeime erhöht.

Der Wachstumsprozess der Wolkenpartikel kann vom Wachstum eines flüssigen Mantels (Kondensation) zum Wachstum eines festen Mantels werden, wenn der Flüssigkeitstropfen gefriert. Auseinanderbrechende Eiskörner eignen sich am besten für die Initiierung des Eiswachstums. Hat das Wolkentröpfchen einen Kondensationskeim, gefriert es bei ca. –12 °C bis –15 °C. Da die Wolkenluft dem Eis gegenüber stark übersättigt ist (jedoch nicht hinsichtlich des Wassertröpfchens), wächst der Eiskristall sehr schnell.

Das bedeutet, dass die Wolkenluft wärmer ist als das Eis, sodass sich die feuchte Luft auf der kalten Oberfläche des Eises weiter niederschlägt und dort sofort gefriert. Bei –15 °C können auf diese Weise durch diffusives Anlagern von Wassermolekülen innerhalb weniger Minuten Eisnadeln oder Schneekristalle von 0,01 bis 0,015 Zentimetern entstehen. Eiskristalle dieser Größe sind bereits so schwer, dass sie sehr schnell nach unten fallen und als

Niederschlag auf der Erde ankommen oder in tieferen Atmosphärenschichten schmelzen und als Nieseltröpfchen zu Boden fallen.

Diffusives Anlagern ist ein Wachstumsprozess eines Eisteilchens, bei dem sich Moleküle aufgrund eines Konzentrationsgefälles zufällig an einen bestehenden Eiskristall anlagern. Diffusive Prozesse bewirken den Ausgleich von Unterschieden, hier also den Ausgleich des Konzentrationsunterschieds der Wassermoleküle. Die

29 | Wellen brechen an der Küste aufgrund der abnehmenden Wassertiefe, wenn sich das Wasser auf die Küste zubewegt. Die Folge ist, dass das Wasser in unzählige kleine Tröpfchen und Bläschen zerschlagen wird, deren Wassergehalt in der Sonne verdunstet. Zurück bleiben Meersalzkristalle, die vom Wind in die Atmosphäre getragen werden. Meersalzkristalle sind die zweitgrößte Quelle für Kondensationskeime in der Erdatmosphäre.

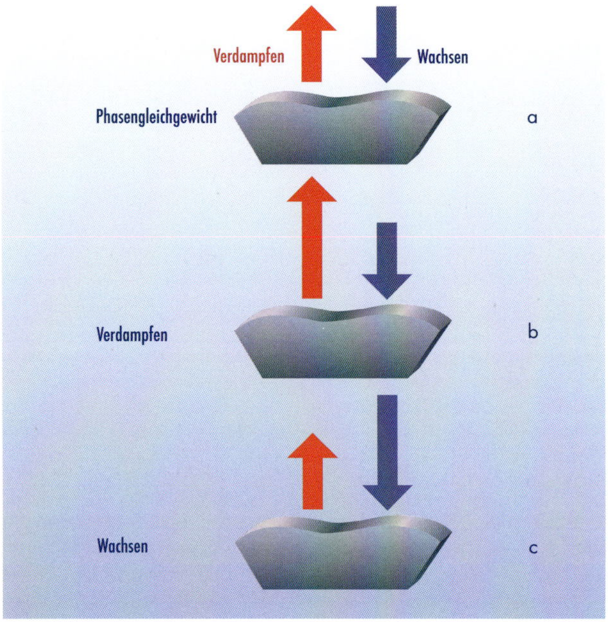

30 | Grundlagen eines Phasenübergangs. Gleichgewichtszustand (a): Ein Körper (beispielsweise ein Wolkentropfen) befindet sich im Phasengleichgewicht, wenn alle Bildungsprozesse (blauer Pfeil) und alle Zerstörungsprozesse (roter Pfeil) mit gleicher Effizienz stattfinden, also gleich schnell sind. Verdampfen (b): Beim Verdampfen überwiegen die zerstörenden Prozesse, sodass der rote Pfeil länger ist als der blaue Pfeil. Wachstum (c): Nur wenn die konstruktiven Prozesse (blauer Pfeil) überwiegen, können Wolkenteilchen durch Kondensation wachsen.

Geschwindigkeit der Wassermoleküle ist dabei durch die Brownsche Molekularbewegung entsprechend der lokalen Temperatur bestimmt. Das bedeutet, dass sich Wassermoleküle umso schneller bewegen, je höher die Temperatur ist. Die Wassermoleküle lagern sich mit größter Wahrscheinlichkeit an schon bestehende Spitzen an, sodass es zur Bildung der typischen fraktalartigen Struktur der Schneeflocke kommt.

Die Übersättigung eines Gases soll anhand der Grafiken (Abb. 30 a – c) auf dieser Seite erklärt werden. Die Übersättigung eines Gases einer bestimmten Zusammensetzung (beispielsweise $H_2O[g]$) wird bezüglich einer anderen Phase (in diesem Fall beispielsweise Eis oder flüssiges Wasser) bestimmt. Ein Beispiel könnte sein: Wasserdampf über einer Eisoberfläche.

Bei Thermischer Stabilität oder im Phasengleichgewicht laufen der Wachstumsprozess (blau) und der Verdampfungsprozess (rot) gleich schnell ab. Daher sind beide Pfeile in der Abbildung gleich lang. Die Folge ist, dass sich das Volumen des Festkörpers (also des Eises) nicht ändert. Dann ist der Festkörper (das Eis) im Phasengleichgewicht mit dem beobachteten Gas (dem Wasserdampf). Der nun herrschende Druck des Gases über der Festkörperoberfläche ist der Dampfdruck. Ein Festkörper (oder eine Flüssigkeit) nimmt an Volumen zu, wenn er thermisch stabil, aber nicht im Phasengleichgewicht ist. Das bedeutet, dass der Wachstumsprozess (blau) nun schneller abläuft als der Verdampfungsprozess (rot). Es wächst also mehr Material auf als verdampft. Daher ist der blaue Wachstumspfeil länger als der rote Verdampfungspfeil. Das geschieht, solange der Druck der wachsenden Gasphasenspezie (auch: Partialdruck) größer als der Dampfdruck ist. In diesem Fall ist das Gas bezüglich des Festkörpers (der Flüssigkeit) übersättigt. Sobald der Partialdruck den Wert des Dampfdrucks erreicht, ist die Volumenzunahme durch Oberflächenwachstum beendet und ein Phasengleichgewicht stellt sich ein.

Ein Festkörper (oder eine Flüssigkeit) verdampft, wenn er (oder sie) thermisch instabil wird. Dann ist der Partialdruck der wachsenden Gasspezie kleiner als ihr Dampfdruck und dieses Gas ist untersättigt. Dabei ist der Verdampfungsprozess (rot) effizienter als der Wachstumsprozess (blau). Sind beide Pfeile gleich lang, ist das Phasengleichgewicht wieder erreicht und die Volumenabnahme kommt zum Stillstand (vgl. Abb. 30c Wachsen; Abb. 30b Verdampfen).

Die Macht des Stoßes

Sind die Kondensationsprozesse (Keimbildung und Wachstum) beendet oder werden sie zu langsam, weil das Gas nicht mehr ausreichend übersättigt ist, kann die Größe der Wolkenpartikel nur noch durch Stoßprozesse zwischen bereits existierenden Wolkenteilchen verändert werden. Durch Koagulation (auch durch Koaleszenz) können die Wolkenteilchen weiter wachsen, indem zwei bereits existierende Teilchen zusammenstoßen und aneinander „kleben" bleiben. Ist die Wucht des Stoßes, das heißt die Energie während des Stoßes, aber zu groß, können die Wolkenpartikel in kleinere Partikel zerfallen. Man spricht dann vom *Sputtering* (englisch: *to sputter*, zerstäuben). Darunter versteht man, dass Atome oder Moleküle an der Oberfläche eines Festkörpers durch Krafteinwirkung in die Gasphase übergehen oder dass ein Festkörperteilchen in viele kleine Staubkörner „zerstäubt" wird.

Die Fallunterscheidung zwischen Koagulation und Sputtering wird durch die relative Geschwindigkeit zwischen den Wolkenteilchen sowie ihre Größe bestimmt, also aus der Differenz der Fallgeschwindigkeiten der Stoßpartner.

Das weitere Wachstum der Wolkentröpfchen wird durch den Fallprozess der Wolkenpartikel bestimmt. Die Fallgeschwindigkeit bestimmt die Zeit und die Energie, die jedem Teilchen für sein weiteres Wachstum zur Verfügung steht. Sie wird durch das Gleichgewicht zwischen Schwerkraft (Gravitation) und Reibungskraft (in diesem Fall: Luftwiderstand) bestimmt. Der Reibungskraft, die durch das Umgebungsgas auf das Wolkenteilchen einwirkt, steht die Gravitationskraft entgegen, die von der Erde aus auf das Teilchen Einfluss ausübt. Die Differenz beider Kräfte bestimmt die Fallgeschwindigkeit des Wolkenteilchens. Die Wolkenpartikel sind gleich groß, wenn sich die Anzahl der Keime bei gleich bleibender Umgebungsdichte nicht ändert. Nur das Auftreten eines Aufwinds kann unter diesen Bedingungen einen Wachstumsschub bewirken. Die Wolkenpartikel werden dann in Regionen transportiert, die kälter sind, sodass das Gas

Koaleszenz und Koagulation

Kolloide sind fein verteilte Tröpfchen oder Körner in einem anders gearteten Medium, dem Dispersionsmedium. In der Erdatmosphäre ist das atmosphärische Gas das Trägermedium für die Wolkenpartikel. **Koaleszenz** beschreibt das Zusammentreffen und das Verschmelzen von Kolloiden zu einer größeren Einheit, deren Oberfläche kleiner als die Oberfläche der Summe der Kolloide ist.

Koagulation ist ganz allgemein das Zusammenklumpen oder Zusammenballen kleiner Tröpfchen oder Körner zu größeren Tröpfchen oder Körnern, beispielsweise bei der Blutgerinnung. Dieser Begriff wird, anstatt des präziseren Begriffs der Koaleszenz, in der Astrophysik sowie in der Medizin häufig verwendet, um über Unsicherheiten in einem schwer messbaren Größenbereich hinwegzuhelfen.

dort noch übersättigt ist und das Wolkenpartikel weiterwachsen kann.

Den Einfluss der Reibungskraft kann man sich mithilfe eines fallenden Blatts verdeutlichen. Ein Blatt Papier fällt sehr langsam, da seine große Fläche einer hohen Reibungskraft ausgesetzt ist. Ein zerknülltes Blatt fällt hingegen wesentlich schneller, da die auf seine nun kleinere Fläche einwirkende Reibungskraft geringer ist, während die Schwerkraft unverändert geblieben ist.

Fallen, Schweben und Aufsteigen – Ein physikalischer Exkurs für Fortgeschrittene

Der Fallprozess der Wolkenpartikel wird, wie wir bereits gelesen haben, durch die Reibungskraft des Wolkenteilchens mit dem Umgebungsgas sowie durch die auf das Wolkenpartikel wirkende Gravitationskraft bestimmt. Diese Schwerkraft hängt von der Masse ab und damit vom Volumen, sofern die Dichte des Teilchens bekannt ist. Somit ist die Gravitationskraft, F_{grav}, proportional zur Dritten Potenz des Teilchendurchmessers, a. Wir können also schreiben: $F_{grav} \sim a^3$.

Die Größe der Reibungskraft hängt von der projezierten Fläche sowie vom Quadrat der Fallgeschwindigkeit, v_{fall}, ab. Damit ist die Reibungskraft, F_{fric}, auch proportional zum Quadrat des Teilchendurchmessers und wir können schreiben: $F_{fric} \sim a^2\ v_{fall}{}^2$.

Sind Reibungskraft und Schwerkraft im Kräftegleichgewicht, also $F_{fric} = F_{grav}$, ergibt sich, dass die Fallgeschwindigkeit proportional zur Wurzel des Teilchenradius ist: $v_{fall} \sim \sqrt{a}$. Folglich fallen die Wolkenteilchen umso schneller, je größer sie sind. Wenn die Teilchen schweben, ist die Fallgeschwindigkeit v_{fall} gleich Null.

Für den Fall eines Aufwinds können wir nun das Folgende überlegen: Die Wolkenteilchen fallen, wenn ihre Fallzeit, $t_{fall} = H/v_{fall}$, für eine feste Strecke H kleiner ist als die Zeit, t_{wind}, die ein Wind für die gleiche Strecke benötigen würde. Der Vergleich dieser beiden Zeiten erlaubt es Fallen, Schweben und Aufsteigen physikalisch zu definieren, nämlich so:

Fallen: $t_{fall} < t_{wind}$

Schweben: $t_{fall} = t_{wind}$

Aufsteigen: $t_{fall} > t_{wind}$.

Der Prozess des Aufsteigens ist also nichts anderes als ein Aufwind, den Drachensegler so gern an Berghängen nutzen, um an Höhe zu gewinnen. Da die Fläche des Drachens sehr groß ist, hat er eine entsprechend lange Fallzeit im Vergleich zur Geschwindigkeit des Aufwinds.

Wassertropfen haben, im Vergleich zu Hagelkörnern, eine kritische Größe, ab der sie durch Deformationen beim Herunterfallen zerplatzen. Grund dafür ist der geschwindigkeitsabhängige Luftwiderstand, der bei einer Fallgeschwindigkeit von mehr als neun Metern pro Sekunde eine zu große Kraft auf die Tröpfchen ausübt. Die Tröpfchendeformation führt dazu, dass – obwohl die Kraft überall gleich groß ist – der mit der Kraft verbundene Druck ansteigt, wenn die Fläche kleiner wird. Hintergrund hierfür ist, dass Kraft gleich Druck pro Fläche ist. Damit zerplatzen die Tröpfchen dort, wo sie die kleinste Oberfläche entgegensetzen können. Die durch das Zerplatzen enstandenen kleineren Tropfen werden durch Winde in höhere Atmosphärenregionen getragen, in denen sie entweder durch Kondensation oder durch Koagulation erneut wachsen können. Beim Erreichen des kritischen Radius von 3,5 Millimetern zerplatzen auch diese Tropfen wieder während des Fallprozesses, und alles beginnt von vorn. Dieser Vorgang wird als Langmuir-Kettenreaktion bezeichnet. Auf diese Weise kann sich eine beträchtliche Anzahl großer Tropfen bilden, deren

Ausregnen nur durch einen ausreichend starken Aufwind verhindert wird. Fällt ein solcher Aufwind plötzlich weg, kommt es zu einem wolkenbruchartigen Regen.

Koagulation von Tröpfchen ist, verglichen mit dem Oberflächenwachstum auf Kondensationskeimen, ein verhältnismäßig langsamer Prozess. Könnten die Tröpfchen jedoch gefrieren, würden sie viel schneller wachsen, da eisige Tröpfchen besser aneinanderkleben als solche aus Wasser. Das kann geschehen, wenn ein Aufwind die Tropfen in höhere und kältere Atmosphärenschichten transportiert. Zusätzlich ermöglicht die relativ hohe Fallgeschwindigkeit der 100 Mikrometer großen Eispartikel die Bildung großer Schneeflocken durch das Zusammenballen mit weiteren Eisteilchen (lateinisch: *Agglomeration*, fest anschließen). Der Einfang eines unterkühlten Wassertröpfchens (lateinisch: *Akkretion*, anwachsen oder hinzufügen von Material) führt zur Bildung von Graupelkörnern oder im Extremfall zu Hagel.

Ein Gedankenexperiment

Was bisher geschah: Eine gegebene Anzahl von Wassermolekülen kondensiert auf einem Keim, wenn die Temperatur niedrig genug ist. Die Tröpfchen fallen nach unten in wärmere Atmosphärenschichten und wachsen dort so lange, bis das Gas nicht mehr übersättigt ist. Es bleibt eine abgeregnete Atmosphäre im Phasengleichgewicht mit den Wassertröpfchen zurück. In diesem Gleichgewicht, das sich bereits nach einmaligem Abregnen einstellt, kann kein weiteres Wasser kondensieren. Es sind einfach keine überschüssigen Wassermoleküle mehr vorhanden.

Raus aus dem Gleichgewicht: In diesem Gleichgewichtszustand hat die warme, ausgeregnete Luft mehr Wassermoleküle als die darüberliegende kalte Luft. Jeder Aufwind wird folglich eine Störung dieses Gleichgewichtes bewirken, weil er die warme Luft in kühlere Regionen transportiert. Das dadurch erneut übersättigte gasförmige Wasser kann dann wieder auf Keimen kondensieren, sodass die Wolkenteilchen an Größe zunehmen. Es stellt sich ein stationärer Prozess der wiederkehrenden Kondensation von Wolkenteilchen ein, den wir als Wolke wahrnehmen.

Winde, die Wolken formen

Winde gehören zu unserem Alltag. Und doch sind wir immer wieder erstaunt, wie heftig sie wehen können. So reißt der Herbstwind mit schöner Regelmäßigkeit den Touristen auf dem Kopenhagener Rathausplatz die Schirme aus der Hand, die dann zuhauf die Papierkörbe füllen.

Mit ähnlicher Wucht reißt der Wind auch an den Wolken und treibt sie vor sich her, zerstört sie oder bewirkt ihre Entstehung, wenn er den notwendigen Wasserdampf in kühlere Regionen transportiert.

Wir machen nun den Schritt vom atomaren, kleinskaligen Bereich in den Sektor der großen Skalen, auf denen Winde eine bedeutende Rolle spielen. Solcherart Winde können die Ausdehnung einer Stadt haben oder über ganze Landstriche wehen. Je nachdem, in welcher Höhe in der Atmosphäre sich diese Winde ausbilden, werden sie Wolken formen oder, wie schon beschrieben, deren Bildung überhaupt erst ermöglichen.

Widmen wir uns aber zunächst einer kurzen Darstellung des globalen Wärmetransports, der die Entstehung von Winden maßgeblich beeinflusst.

Der globale Wärmetransport

Winde sind im Wesentlichen der Ausgleich eines Druckunterschieds in der Atmosphäre (zwischen Hochdruck- und Tiefdruckgebiet), dessen Ursache wiederum in Tem-

31 | Winde, die Wolken formen. Die Luftströme erzeugen sich stetig verändernde Wolkenformen. Die im Bild zu sehenden Cirrus (*fibratus*) ziehen auf und bedecken bald danach den Abendhimmel, während sie dichter werden.

peraturunterschieden liegt. Diese Temperaturdifferenzen entstehen durch Wärmeaustausch mit der Umgebung, sodass alle diese Prozesse miteinander in Verbindung stehen.

Wärmeaustausch ist der Transport von Energie mittels Strahlung, (Wärme-)Leitung und Konvektion. Beim Energietransport durch *Strahlung* bewegen sich Photonen (oder andere hoch energetische Partikel wie etwa bei der Kosmischen Strahlung) einer bestimmten Energie (Wellenlänge) von Ort A nach Ort B. Bei der *Wärmeleitung* wird die Energie durch Stöße in einem Stoff (Gas, Flüssigkeit, Festkörper) an den nächsten Nachbarn weitergegeben und so von Ort A nach Ort B transportiert. Durch *Konvektion* werden, wie bereits an anderer Stelle erläutert (Seite 48), ganze Volumenelemente einer bestimmten Energie von Ort A nach Ort B transportiert.

Wolkenbildung ist im Grunde ein lokaler Prozess, der von den lokal vorherrschenden Temperatur- und Druckbedingungen abhängt. Die lokale Temperatur in der Atmosphäre wird jedoch durch die global einfallende Sonnenenergie bestimmt, die durch Strahlung, Konvektion und Wärmeleitung über die gesamte Erde verteilt wird. Die Rotation und die Neigung der Erde beeinflussen die großskalige, globale Temperatur-, Druck- und Windverteilung auf der Erdoberfläche, indem sie sowohl Tag-/Nachtunterschiede als auch die Jahreszeiten erzeugen und außerdem die Klimazonen schaffen. Berge, Steppen und Feuchtgebiete beeinflussen die lokalen Temperatur-, Druck- und Windbedingungen und damit örtlich die Bildung von Wolken.

Cumulus versus Stratus

Sehen wir uns als erstes Beispiel der Wolkenbildung die Entstehung einer Cumuluswolke (vgl. Abb. 15) genauer an: An einem Sommertag steigt warme Luft als Konvektionsstrom vom sonnengewärmten Boden auf. Diese thermischen Aufwinde werden an einem sonnenbeschienenen Bergrücken gern von Drachengleitern oder Segelfliegern ausgenutzt, um an Höhe zu gewinnen. Mit diesem Wind strömen Wassermoleküle in höhere und damit kältere Regionen der Atmosphäre, wo sie dann auf den dort vorhandenen Keimen kondensieren. Während die Anzahl der Tropfen durch die Anzahl der Keime bestimmt wird, hängt die Größe der sich bildenden Tropfen von der Menge des aufsteigenden Wasserdampfs ab – und zwar so

Wolkenbildung und Wolkenhöhe

So lange der Wachstumsprozess (also die Kondensation) schneller ist als der Verdampfungsprozess oder so lange beide mindestens gleich schnell ablaufen, existiert der Wolkentropfen.

Nimmt jedoch der Verdampfungsprozess überhand, verdampft er. Ist der Verdampfungsprozess des Wolkentropfens beendet, ist die untere Kante der Wolke erreicht. Die thermische Stabilität bestimmt somit die untere Wolkenabgrenzung, so lange die Tropfen nicht abregnen.

Die thermische Stabilität ist aber auch von der Menge des zur Verfügung stehenden Wasserdampfs abhängig – also abhängig von dem zuvor definierten Partialdruck des kondensierenden Gases. Es verwundert daher nicht, dass die Wolken in Bremen tatsächlich tiefer hängen als in Berlin: Im meeresnahen Bremen ist die Luftfeuchtigkeit einfach höher. In Berlin können die Wolkentröpfchen eher in größeren Höhen verdampfen.

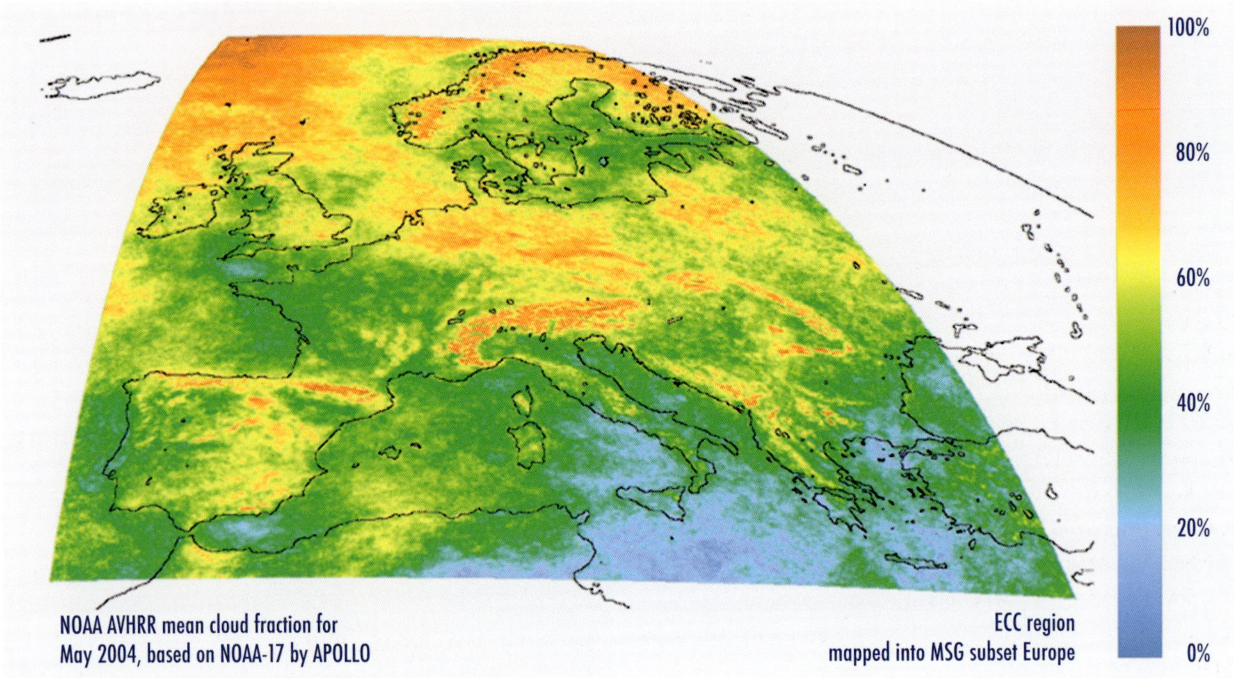

32 | Die Wolkenkarte zeigt die mittlere Wolkenbedeckung Europas. Es wird deutlich, dass im Mai 2004 Mitteleuropa stärker bewölkt war als Südeuropa.

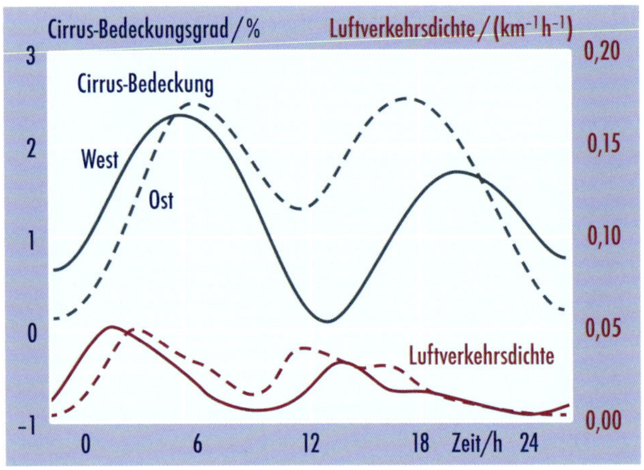

33 | Vergleichsweise neu ist die Erkenntnis, dass der Luftverkehr einen messbaren Tagesgang der Cirrusbewölkung verursacht. Über dem Nordatlantik pendelt der Luftverkehr jeden Tag zwischen Amerika und Europa hin und her. Am frühen Morgen fliegen Verkehrsflugzeuge von Nordamerika nach Europa, gegen Mittag wieder retour. Dieses Muster lässt sich auch in der Bewölkung über dem Nordatlantik erkennen. Wissenschaftlern des Instituts für Physik der Atmosphäre des DLR in Oberpfaffenhofen gelang es im August 2012 erstmals, diesen Beitrag des Luftverkehrs zur Bewölkung in Betrag und zeitlicher Dynamik im mittleren Tagesgang zu quantifizieren.

lange, bis der Koagulationsprozess einsetzt. Während dieser gesamten Zeit der Tröpfchenbildung fallen die Tröpfchen durch die Auswirkung des Erdgravitationsfeldes. Die Ausdehnung der Wolke wird durch den Fallprozess der Wolkentropfen bestimmt.

Warum aber tritt die Cumuluswolke als eine einzelne Wolke in Erscheinung, während der Stratus eine scheinbar unendliche Wolkendecke bildet? Das hängt mit der Wärmekapazität des Erdbodens zusammen, die bestimmt, wie viel Wärme an die Luft abgegeben wird: Eine schwarze Asphaltstraße heizt die darüberliegende Luft besser auf als Stein- oder Grasoberflächen. **Wärmekapazität** ist die Fähigkeit eines Materials, Energie in Form von Wärme über einen bestimmten Zeitraum zu speichern. Je länger ein Material die Wärme speichern kann, desto höher ist seine Wärmekapazität.

Deshalb kann man oft beobachten, dass über Inseln eine Wolke schwebt, weil die Landmasse der Insel eine schlechtere Wärmekapazität hat – also eine höhere Oberflächentemperatur aufweist als das sie umschließende Wasser. Somit erwärmt die Landmasse mit ihrer schlechteren Wärmekapazität die darüberliegende Luft besser als ein Medium, das seine Wärme besser abtransportieren kann. Im Vergleich zu einer Landmasse kann das von der Sonne erwärmte Wasser die Wärme durch Meeresströmungen abtransportieren. Ein Beispiel hierfür ist der Golfstrom. Folglich bildet sich eine Cumuluswolke immer über einem Konvektionsstrom aus warmer Landluft.

Die flache, graue Wolkendecke des Stratus hingegen resultiert aus einer großen Fläche gleichmäßig aufsteigender Luftmassen, wie wir es etwa über Feldern und Wiesen beobachten können. Gäbe es dazwischen einen asphaltierten Parkplatz, könnte sich dort eine Cumuluswolke mitten im Stratusfeld bilden. Eine Stratus-Schichtbewölkung entsteht auch dann, wenn eine warme Luftmasse über eine kalte gleitet (vgl. Abb. 4, Abb. 34).

Warum gibt es dann in der Wüste keine Wolken? In der Wüste flimmert doch die Luft vor Hitze – ein Anzeichen für aufsteigende Luft! Es kommt jedoch nicht zu einer großflächigen Wolkenbildung, und wenn sich vereinzelt einmal Wolken bilden, verdampfen die fallenden Tropfen auf ihrem Weg zum Erdboden durch die große Hitze. Deswegen ist die Atacama-Wüste in Chile der trockenste Platz auf Erden. Die sie umschließenden Bergketten verhindern das Eindringen feuchter Luft, was dazu führt, dass es in der Atacama-Wüste Orte gibt, an denen es seit Anbeginn der Wetteraufzeichnungen nachweislich noch nie geregnet hat.

Wolken als physikalische Instabilität

Haben Sie schon einmal versucht, einen Tischtennisball auf einem Ei zu balancieren? Das ist kaum möglich, da der Tischtennisball sich bezüglich der Oberfläche des Eis immer in einer instabilen Situation befindet. Physikalisch gesprochen kann man sagen, dass nur ein instabiler Zustand oder ein instabiles System sich verändern und in einen neuen Zustand übergehen, also eine neue Qualität erlangen kann. Die Kombination Ei/Tischtennisball kann sich also nur dann verändern, wenn der Tischtennisball herunterfällt oder das Ei umkippt.

Ein stabiles System befindet sich in einem Energieminimum, wird also in diesem „bequemen" Zustand verharren. Der Tischtennisball aus unserem Beispiel hat seinen bequemen Zustand erreicht, wenn er von dem Ei heruntergefallen ist. Eine Instabilität ist ein Prozess, der seine Ursache verstärkt. Entfällt diese Selbstverstärkung, erlischt die Instabilität und damit die Möglichkeit zur Veränderung.

34 | Wolkenbildung in einem Strom warmer Luft, der von der sonnenbeschienenen Westküste durch eine Bergschlucht über das kalte Fjordwasser zur Ostküste der Lofoten im Westen Norwegens zieht.

Cumuluswolken eignen sich hervorragend, um das Wesen einer physikalischen Instabilität zu verdeutlichen. Bei einer Cumuluswolke verstärkt die Wirkung ihre Ursache, indem weiter warme, Wassermoleküle enthaltende Luft aufsteigen kann, obwohl der konvektive Aufwind bereits erloschen ist. Die Ursache der Instabilität ist das Freisetzen von Kondensationswärme, die bewirkt, dass das Gas weiter aufsteigt.

Die Cumuluswolke treibt somit ihre eigene Entstehung immer weiter voran, weil während des Phasenübergangs vom gasförmigen in den flüssigen Aggregatzustand Kondensationswärme freigesetzt wird. Sie erwärmt das umgebende Gas.

Kondensationswärme entsteht, wenn bei einer chemischen Reaktion Wärme freigesetzt und an die Umgebung abgegeben wird (exotherme Reaktion). Chemische Reaktionen können aber auch Energie verbrauchen, also Wärme aufnehmen (endotherme Reaktion) und dadurch ihre Umgebung abkühlen. Ein Beispiel eines endothermen Vorgangs ist das Schmelzen von Butter auf einer Toastbrotschnitte, wodurch das Toastbrot abkühlt.

Durch den Druckausgleich mit dem umgebenden, kalten Gas außerhalb der Wolke muss sich das erwärmte Gas ausdehnen, wird leichter für eine gegebene Volumenmenge und kann so weiter aufsteigen. Dieser Prozess endet, wenn das aufsteigende Gas auf eine Atmosphärenregion trifft, die nicht mehr kälter als das aufsteigende Gas ist. Solch eine Temperaturinversion ist charakteristisch für die Tropopause der Erdatmosphäre, also den Bereich zwischen Troposphäre und Stratosphäre, der somit das Wolkenwachstum nach oben hin begrenzt (Abb. a). Tritt keine Temperaturinversion auf und kann die Cumuluswolke weiterwachsen, entsteht eine Gewitterwolke – ein Cumulonimbus, der die Höhe des Mount Everest (8848 Meter) erreichen kann. Die Kombination vieler Cumulonimbuswolken ergibt einen Tornado.

Als Temperaturinversion wird der Teil eines Temperaturverlaufs bezeichnet, der sich nicht stetig fortsetzt, also seinen bisherigen Verlauf aus irgendeinem Grund umkehrt (lateinisch: *inverso*, Umkehrung). Stattdessen kann es beispielsweise zu einem Temperaturanstieg kommen. Das beobachtet man, wenn man dem Temperaturverlauf in der Erdatmosphäre von unten nach oben folgt. Beispielsweise entsteht ein Temperaturanstieg, der dann die Temperaturinversion bildet, in der Stratosphäre aufgrund des ansteigenden Ozongehalts.

Der hier beschriebene Vorgang des konvektiven Materietransports durch Aufwind ist der wesentliche großskalige Prozess, der der Wolkenbildung zugrunde liegt. Folglich werden die unterschiedlichen Wolkenformen durch verschiedene Aufstiegsmechanismen von warmem, mit Wassermolekülen geladenem Gas bestimmt. Trifft ein solcher Wind auf ein Bergmassiv, werden die Luftmassen bergauf gezwungen (orografischer Prozess). Auf diese Art und Weise kann sich eine Altocumuluswolke bilden, die von unbedarften Beobachtern häufig als UFO misinterpretiert wird. Die Nähe zum Berg verrät allerdings die Fehleinschätzung (vgl. Abb. 20).

Asperatuswolken (lateinisch für „turbulente Wellenform“) (Abb. 35) sind wohl eine der dramatischsten Wolkenformationen. Sie haben erst im Jahr 2009 durch die Arbeit der *Cloud Appreciation Society* den offiziellen Status einer Wolkenform im Internationalen Wolkenat-

35 | Asperatuswolke.

las[4] erhalten. Eine Asperatuswolke erscheint fast so unwirklich wie eine Fotomontage. Die tief hängenden Asperatuswolken sind über weit ausgedehnten Landflächen und oft nach Gewittern zu beobachten. Die Entstehung von Asperatuswolken ist noch nicht geklärt, jedoch sind zwei Denkansätze möglich: Zum einen kann diese Wolkenform das Ergebnis einer sehr inhomogenen Verteilung von Wasserdampf nach einem großflächigen Gewitter sein. Möglicherweise resultiert diese dramatisch aussehende Wolkenform aber auch aus einer sehr unregelmäßigen Verteilung der Kondensationskeime. Durch das Gewitter kann Staub aufgewirbelt worden sein, der dann zu Kondensationskeimen der Asperatuswolkenbildung wird. In Bereichen mit einer geringeren Anzahl von Keimen werden die Wolkentröpfchen größer als in Bereichen mit vielen Keimen. Zudem können die größeren Teilchen etwas weiter nach unten fallen, ohne gleich zu verdampfen. Das heißt, ihre Wolkenunterkante liegt tiefer als die eines Bereichs mit kleineren Wolkentröpfchen. Die Folge ist das Auftreten der für Asperatuswolken typischen spiegelverkehrten Wolkenberge.

▸ Fragen und Antworten

Warum haben Wolken eine untere Kante bzw. Abgrenzung?

Nicht alle Wolken haben eine (scheinbar) wohldefinierte untere Kante oder Abgrenzung wie die Cumuluswolken und Gewitterwolken. Manche haben eine eher diffuse untere Grenze, wie zum Beispiel der Stratus. Eine diffuse Grenzschicht einer Wolke entsteht, wenn ihre Wassertröpfchen verdampfen, wenn sie weiter nach unten fallen, wo es wärmer ist. Größere Tropfen brauchen länger, können also tiefer fallen. Turbulente Bewegungen in der Atmosphäre verstärken diesen Effekt des ausgefransten unteren Wolkenrands. Die untere Kante einer Wolke ist demnach eine optische Täuschung.

Die scheinbar sehr scharfe untere Kante einer Gewitterwolke geht auf das gleiche Prinzip zurück, nur dass hier die Wassertropfen zu einem bestimmten Zeitpunkt so groß geworden sind, dass sie nicht verdampfen und außerdem aufgrund ihrer Größe nicht mehr in der Atmosphäre schweben können und deshalb als Regen aus der Wolke fallen.

Der Kreislauf der Wolkenbildungsprozesse

Wolken sind ein Bestandteil des Wasserkreislaufs auf der Erde. Die Wolkenbildung folgt einer genauen Abfolge von Prozessen vom atomaren bis in den großskaligen Bereich. In einer konvektiv instabilen Atmosphäre steigt warmes Gas nach oben, dehnt sich aus und kühlt ab. Dabei wird kondensierbares Gas, beispielsweise Wassermoleküle, in atmosphärische Höhen transportiert, in denen es so kalt ist, dass sie zu flüssigem Wasser auf einem Kondensationskeim werden. Dieser Wachstumsprozess führt zu einer Massenzunahme des Tröpfchens, sodass es immer schneller nach unten sinkt, bis es dann entweder verdampft oder als Regen zur Erde fällt. Es verbraucht die Wassermoleküle in seiner Bildungsregion und transportiert diese in wärmere Atmosphärenschichten. Führt dies zum Ausregnen, „stirbt" die Wolke und kann nur neu gebildet werden, wenn ein konvektiver Luftstrom die kälteren Atmosphärenschichten erneut mit Wasserdampf anreichert. Dieser Kreislauf bestimmt auch die Wolkenbildung auf Planeten außerhalb unseres Sonnensystems.

Warum fallen Wolken nicht vom Himmel?

Wolken bestehen aus unzählbar vielen Wassertröpfchen. Die Masse des gesamten flüssigen Wassers einer Wolke kann mehrere Hundert Tonnen wiegen. Doch obwohl flüssiges Wasser viel schwerer als Luft ist, fallen Wolken trotzdem nicht vom Himmel. Es sind die Wolkentröpfchen, die fallen, nur langsamer und relativ zur Luft, die sie umgibt.

Betrachten wir dazu einen kleinen Ausschnitt der Wolke im Detail: Jedes einzelne Wolkentröpfchen hat einen Durchmesser von nur etwa zehn Mikrometern. Das ist viel weniger, als ein Haar dick ist. Ein einzelnes Wolkentröpfchen wiegt nur ungefähr ein Milliardstel Gramm. Wenn man sich in der Wolke einen Bereich von $10 \times 10 \times 10$ Zentimetern ansieht, so befinden sich darin bis zu einer Million Tröpfchen. Sie alle zusammen wiegen aber nur ein Milligramm – das ist nur etwa ein Tausendstel der Luftmasse, die sich in diesem imaginären Wolkenwürfel befindet. Für das Wolkentröpfchen erscheint daher die es umgebende Luft zäh wie Honig zu sein! Wenn man nun ein einzelnes Wolkentröpfchen fallen lässt, sinkt es tatsächlich zu Boden. Weil es aber so wenig wiegt und die Luft im Vergleich so zäh ist, sinkt es nur sehr langsam und mit einer Geschwindigkeit von nur wenigen Millimetern pro Sekunde.

Warum haben Wolken nie die gleiche Form?

Die Wolkenbildung ist die Folge von Bewegungen der Luft an der Grenze des Phasenübergangs gasförmig/flüssig. Diese Bewegungen sind oft turbulent und damit extrem vielfältig. Sie wiederholen sich praktisch nie auf die gleiche Weise. Trotzdem gibt es bestimmte, immer wiederkehrende Strömungsmuster, die von den lokalen Windverhältnissen abhängen. Diese bestimmen, wie schnell warme Luft nach oben in kältere Schichten transportiert wird. Großflächige Winde treffen auf das landschaftliche Oberflächenrelief und ändern dadurch ihre Geschwindigkeit und ihre Richtung. Auch der Wärmeaustausch mit der Erdoberfläche führt zum Aufheizen oder Abkühlen der Luft und beeinflusst so den die Wolken formenden Wind. Es ist deswegen schier unmöglich, dass sich an zwei verschiedenen Orten Wolken von exakt gleicher Form bilden.

Wie groß sind Wolkentropfen?

Die Größe der Wolkentropfen richtet sich nach ihrem Entstehungsort. Entstehen sie über dem Meer, sind sie größer, da weniger Kondensationskeime zur Verfügung stehen als über den Kontinenten. Die Tröpfchengröße über den Meeren reicht von zehn bis 75 Mikrometern, über den Kontinenten von zehn bis 50 Mikrometern. Im Mittel sind Wolkentröpfchen 40 Mikrometer groß. Das sind 4×10^{-2} Millimeter. Nebeltröpfchen sind im Mittel fünf Mikrometer groß, die in einer Wolke bereits zehn Mikrometer. Nieseltropfen sind durchschnittlich 200 Mikrometer groß, Regentropfen 1,5 Millimeter. Die Regentropfen können übrigens nicht viel größer als 3,5 Millimeter werden, da sie dann aufgrund des Luftwiderstands beim Fallen zerplatzen.

Sind alle Regentropfen gleich groß?

Regentropfen in Mitteleuropa haben im Mittel eine Größe von 0,5 bis einem Millimeter. Nur bei einem Gewitter können sie viel größer werden. Somit sind Regentropfen

36 | Kondensstreifen über der Nordsee. Das Bild wurde mit dem Wettersatelliten der Europäischen Raumfahrtbehörde Envisat aufgenommen. Die räumliche Auflösung beträgt 300 Meter (ESA).

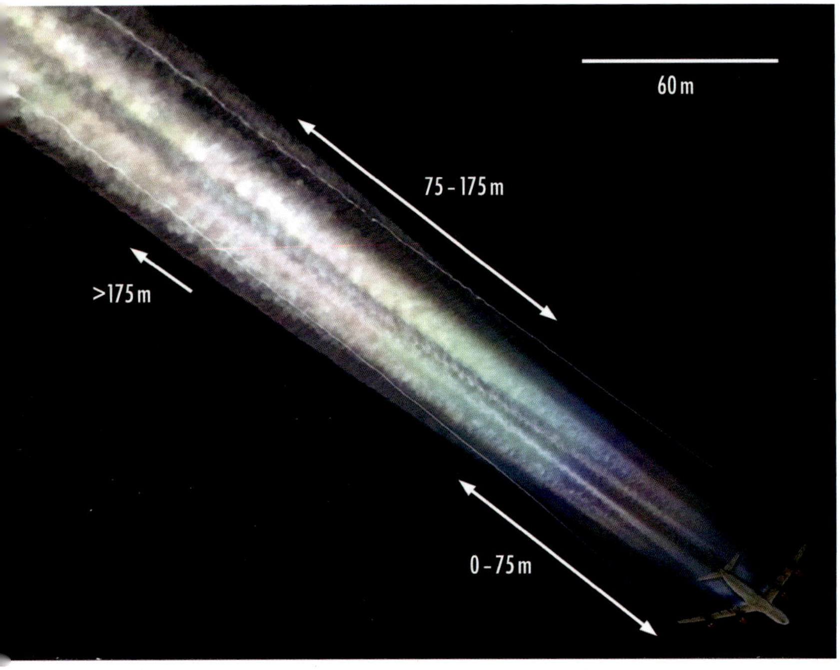

37 | Kondensstreifen eines Flugzeugs, verursacht durch den Druckabfall hinter den Tragflächen des Flugzeugs. Abhängig von ihrer Größe streuen die Eisteilchen das einfallende Sonnenlicht verschieden stark. Die kleinsten Teilchen reflektieren das kurzwellige blaue Licht am stärksten. Die größten Teilchen befinden sich am weitesten hinter dem Flugzeug.

zwar nicht gleich groß, aber ihre Größen sind auf ein kleines Intervall begrenzt. Diese mehr oder weniger einheitliche Größe sagt uns etwas über die Lebensdauer eines Regentropfens: Ein kleiner Tropfen mit einem Radius von zehn Mikrometern schafft nur eine Wegstrecke von einigen Millimetern, bevor er verdampft. Erst Tropfen ab einem Radius von ca. 0,5 Millimetern sind schwer genug, damit ihre Fallgeschwindigkeit ausreicht, um kilometerlange Strecken zurückzulegen. Ein Tropfen muss schneller fallen, als er verdampfen kann, um den Erdboden auch als Tropfen zu erreichen. Das ist immer dann der Fall, wenn es regnet.

Sind Wolkentropfen wirklich tropfenförmig?

Eine verbreitete Vorstellung ist die, dass Wolkentropfen die typische Form eines Tropfens 💧 haben. Das ist aber eher eine grafische als eine korrekte Darstellung. Die Unterseite eines fallenden Regentropfens ist durch den Luftwiderstand, den er während des Fallens erfährt, immer etwas abgeflacht. Ein großer Regentropfen hat daher eher die Form einer weißen Bohne mit abgeflachtem und etwas eingedelltem Mittelteil.

Hinge der Tropfen ohne sich zu bewegen im luftleeren Raum, wäre er rund. Aufnahmen von Experimenten mit Wassertropfen, die in der Internationalen Raumstation ISS durchgeführt worden sind, haben das sehr schön verdeutlicht.

Kann man Wolken „machen"?

Wolken kann man tatsächlich künstlich herstellen. Fast immer geht das Herstellen einer künstlichen Wolke auf das Bereitstellen von Kondensationskeimen in einem bereits übersättigten Gas zurück. Ein Beispiel für künstlich erzeugte Wolken sind die Kondensstreifen (englisch: *contrail*) von Flugzeugen (Abb. 36, 37). In Abhängigkeit von der Flughöhe gibt es zwei Ursachen:

- Bei Verkehrsflugzeugen in großen Höhen von zehn bis 15 Kilometern kondensiert dort vorhandenes gasförmiges Wasser auf den Verbrennungsrückständen der Flugzeugturbinen zu einem Eismantel, der mit der Bildung der Cirruswolken vergleichbar ist. Die Verbrennungsrückstände fungieren hier als Kondensationskeime.
- Bei niedrigerer Flughöhe von 1,5 bis drei Kilometern sind aufgrund der höheren Atmosphärentemperatur mehr gasförmiges Wasser sowie eine größere Anzahl von Keimen vorhanden. Hier führt der Druckabfall hinter den Tragflügeln, die Wirbelschleppe, zu einer

Temperaturabsenkung der ehemals warmen Luft und das gasförmige Wasser kondensiert. Auch bei den Landungen des Space Shuttles im Gleitflug konnte man diesen Prozess gut beobachten.

Forschungen des Deutschen Zentrums für Luft- und Raumfahrt (DLR) zeigen, dass auch der zweite Prozess, bei dem ein Druckabfall hinter den Tragflächen zu einer für die Kondensationskeimbildung notwendigen Temperatur führt, im Bereich der Reiseflughöhe möglich ist. Die entstandenen Eispartikel werden jedoch erst sichtbar, wenn sie groß genug sind, und streuen das einfallende Sonnenlicht in Abhängigkeit von ihrer Größe in verschiedenen Wellenlängen verschieden stark. So zeigt sich, dass sich nahe dem Flugzeug die kleinsten Teilchen befinden, die kurzwelliges blaues Licht am stärksten reflektieren (Abb. 37). Die größten Teilchen befinden sich im weitesten Abstand vom Flugzeug, da sie durch die Fortbewegung des Flugzeugs mehr Zeit zum Wachsen hatten, als die Teilchen direkt hinter dem Flugzeug.

Beim Wolkenimpfen, einer Methode, die in Wetterkontrollprogrammen verschiedener Länder praktiziert wird, fliegen Flugzeuge oder Raketen in ein herannahendes Wolkengebiet und verbrennen dort eine Silberjodid-Aceton-Lösung. Der entstehende Rauch liefert die Kondensationskeime für bereits existierende, sehr kleine, stabile, unterkühlte Tröpfchen, die sich dann auf dem

Experiment „Wolke in der Flasche"

Sie benötigen: eine Zwei-Liter-Plastikflasche aus durchsichtigem, flexiblem Plastik, Streichhölzer und warmes Wasser.

So funktioniert es:

1) Füllen Sie die durchsichtige Plastikflasche zu zwei Dritteln mit warmem Wasser und schließen Sie den Flaschenverschluss. Das warme Wasser wird nun in der Flasche verdampfen und an der Flaschenwand kondensieren. Die Flaschenwand fungiert hier also als Kondensationskeim für den in der Flasche befindlichen übersättigten Wasserdampf.
2) Öffnen Sie nun die Plastikflasche, die noch immer warmes Wasser enthält. Entzünden Sie vorsichtig ein Streichholz und halten Sie es dicht an die Flaschenöffnung. Lassen Sie das brennende Streichholz in die Flasche fallen und verschließen die Flasche schnell. Durch das Verschließen der Flasche fangen Sie den Ruß des abbrennenden Streichholzes in der mit übersättigtem Wasserdampf gefüllten Flasche ein. Diese Rußpartikel sind nun die Kondensationskeime unserer Wolke.
3) Nun müssen Sie nur noch die flexible Plastikflasche zusammendrücken und wieder loslassen. Der Druckabfall beim Loslassen der zuvor zusammengedrückten Plastikflasche führt zu einem Temperaturabfall, der ausreichend ist, um den übersättigten Wasserdampf auf den Rußpartikeln kondensieren zu lassen, sodass sich Tröpfchen bilden. Damit haben Sie eine Wolke in einer Flasche hergestellt!

Keim niederschlagen und als Eis weiterwachsen, sodass die nahende Wolke früher abregnet. Dieses Vorgehen wurde und wird zum Schutz der Ernte vor Hagelkörnern, aber auch für den strahlend blauen Himmel der Moskauer Millitärparaden, zum Schutz vor Schneeeinbrüchen oder während der Olympischen Sommerspiele in Peking 2008 angewandt. Man hofft, so auch Dürren eindämmen zu können. Die Effekte des Silberjodids, einem in Wasser unlöslichen Salz aus Silber (Al) und Jod (I) auf die Wolken sind jedoch nicht genau bekannt. Aber es ist klar, dass Silber und Jod mit dem Regen auf dem Erdboden landen und in die menschliche Nahrungskette einfließen.

Wolken werden auch im Labor zu Forschungszwecken hergestellt, um die Bildung der Wolkentropfen besser zu verstehen: zum Beispiel, welchen Einfluss die chemische Zusammensetzung der Kondensationskeime auf die Wolkenbildung hat. Im Leipziger Wolkenturm werden unter kontrollierten Bedingungen Wolkentröpfchen erzeugt und wird ihre Veränderung während des Bildungsprozesses bis hin zum Hagelkorn studiert. Diese Experimente wurden anlässlich des Großversuchs mit dem sprechenden Namen CLOUD (*Cosmics Leaving Outdoor Droplets*) entwickelt, der am europäischen Kernforschungszentrum CERN in der Schweiz durchgeführt wird. Im Wesentlichen versucht man hierbei den Einfluss der Kosmischen Strahlung auf den Keimbildungsprozess nachzuvollziehen. Ganz konkret geht es um den Einfluss der Sonnenstrahlung auf die Wolkenbildung. Die Sonne steht hierbei im Verdacht, nicht nur die Erde durch ihre Strahlung zu erwärmen, sondern auch die Bildung von Kondensationskeimen in Abhängigkeit von ihrer Aktivität mehr oder weniger stark zu beinflussen.

Möchten Sie sich an der Herstellung einer Wolke einmal selbst versuchen? Dann probieren Sie den Versuch „Wolke in der Flasche“ (s. S. 67)!

38 | Wolkenmuster mit Wirbeln über dem Atlantik südlich der Kanarischen Inseln (Envisat Image, 6. Juni 2010). Die großen Inseln (von links nach rechts) sind: El Hierro, La Palma, La Gomera, Teneriffa, Gran Canaria, Fuerteventura und Lanzarote.

WOLKEN UND GLOBALE PHÄNOMENE

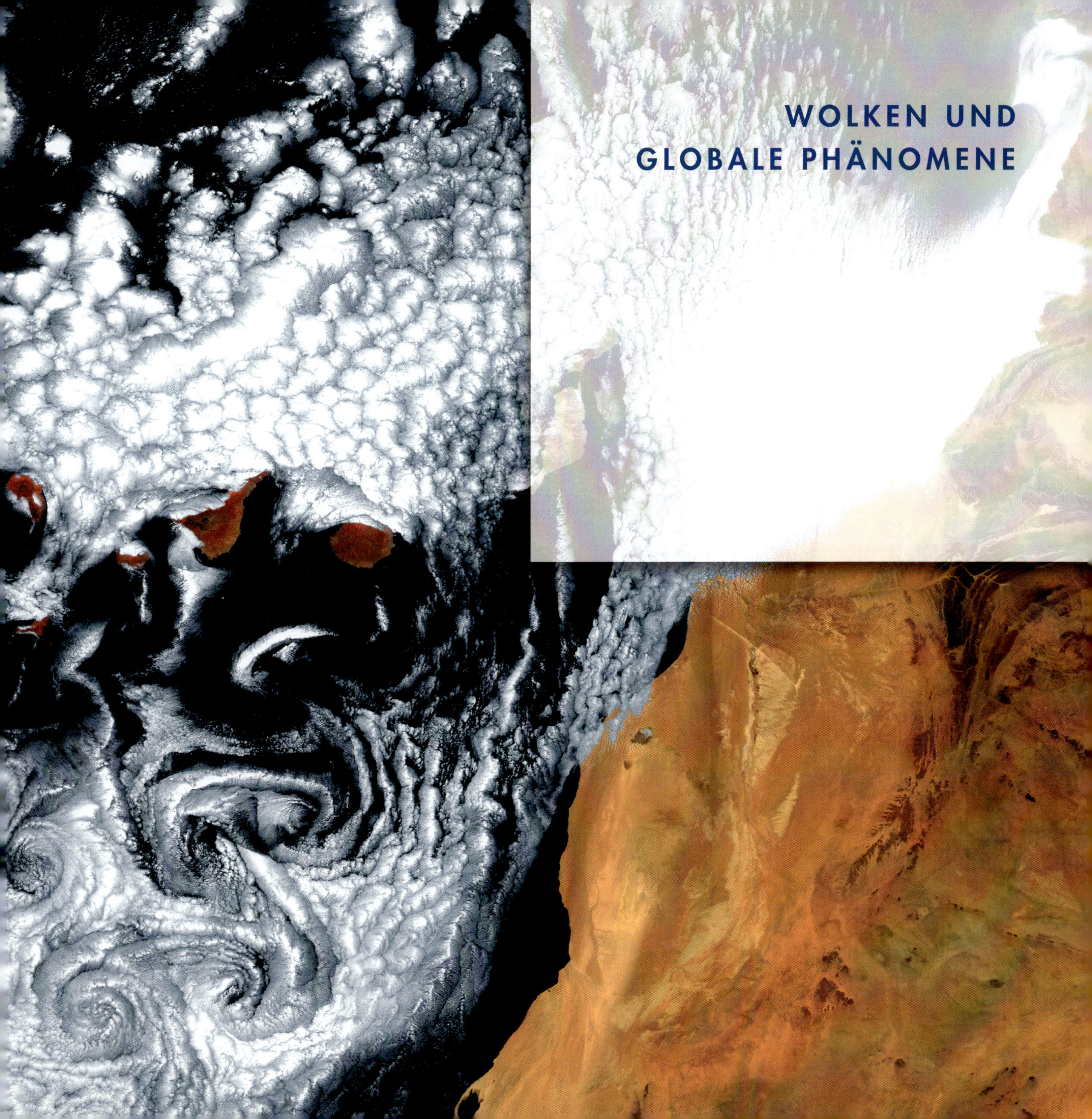

Weltweites Wolkentheater

Obwohl die Bildung von Wolken eine Kombination lokaler Prozesse ist, können sie von Windströmungen über große Entfernungen transportiert werden. Globale Windströme können auch die notwendige Luftfeuchte oder die für die Bildung der Wolken notwendigen Kondensationskeime mit sich bringen. Die globale Wetterlage kann die Bildung von Wolken über großen Gebieten ermöglichen, wie beispielsweise im Fall der Stratocumuluswolken. Das bedeutet, dass ganze Länder durch das Einsetzen oder Ausbleiben des mit ihnen einhergehenden Niederschlags betroffen sein können. Extrembeispiele dieser Art finden wir sowohl auf unserem Planeten in den praktisch wolkenfreien Wüstenregionen als auch im Sonnensystem auf dem von Wolken umhüllten Planeten Venus mit seinen extrem hohen Oberflächentemperaturen sowie dem fast gänzlich wolkenfreien Mars mit seinen extremen Tag-/Nachttemperaturschwankungen.

Ab einer bestimmten Größe werden die Strukturen der Erdoberfläche zu global wirkenden Faktoren, die das Klima bestimmen. Die größten Wüstengebiete der Erde, wie etwa die innere Antarktis mit einer Fläche von etwa 13 Millionen Quadratkilometern und die Sahara mit einer Fläche von etwa 8,7 Millionen Quadratkilometern, wirken auf die Temperatur in der Erdatmosphäre wie Kühl- oder Heizplatten, die während des Tages an- und in der Nacht ausgeschaltet werden und so zu großen Druckgefällen führen.

Bedenklicher ist jedoch der Einfluss der Sandwüsten auf die Wolkenbildung durch eine zunehmende Menge an Mineralstaub, der in die Troposphäre transportiert und dort über die Erde verteilt wird. Eine zunehmende Wolkenbildung über den Meeren kann aufgrund des Treibhauseffekts zu einer zunehmenden Erwärmung des Meerwassers führen. Neben der zunehmenden Luftfeuchtigkeit und der damit einhergehenden verstärkten Wolkenbildung beeinflusst die Erwärmung der Meere durch eine mögliche Änderung von deren Strömungsverhalten auch das Wettergeschehen der Kontinente.

Neben der Rolle der Wolken im globalen Wasserkreislauf der Erde haben die uns als Gewitter bekannten Entladungserscheinungen in Wolken im Laufe der Erdgeschichte eine bedeutende Rolle gespielt: Man geht heute davon aus, dass die bei Blitzen wiederholt freigesetzte Energie die Bildung der ersten makroskopischen Biomoleküle auf der Erde ermöglicht hat und somit half, die Entstehung des Lebens auf der Erde in Gang zu bringen. Als „Biomoleküle" bezeichnet man all jene Moleküle, die mit der Entstehung oder der Existenz von Leben in Verbindung stehen.

Die junge Erde hatte eine elektrisch wesentlich aktivere Atmosphäre und wesentlich mehr Vulkane, die ihre Asche als Kondensationskeime in die Atmosphäre spiehen. Auch heute noch treten Gewitter mit Blitzentladungen in den Aschewolken von Vulkanen auf (Abb. 39). Heftige Vulkan- und Gewitteraktivität gibt es noch heute auf unserem Nachbarplaneten Venus.

Gewitter

Ein Gewitter ist eine mit luftelektrischen Entladungen (Blitze) und Donner einhergehende Wettererscheinung. Die Gewitterwolke Cumulonimbus (Abb. 40) ist für ihre

39 | Gewitterähnliche Entladungserscheinungen im Vulkanauswurf des isländischen Vulkans Eyjafjallajökull. Solche Vulkangewitter werden als Möglichkeit diskutiert, die zur Entstehung der ersten biologischen Moleküle auf der Erde geführt haben könnte.

Entstehung verantwortlich. Diese Wolke erstreckt sich über den gesamten wolkenbildenden Teil der Atmosphäre. Rechnet man den Regen mit zur Wolke, kann sie sich von der erdoberflächennahen planetaren Grenzschicht bis zur Tropopause erstrecken. Gewitterzellen, also der Bereich, in dem sich das Gewitter ausbildet, können sich unter Umständen wie auf einer Schnur bis zu 100 Kilometer aufreihen oder als sogenannte Cluster eine Fläche von bis zu 50 000 Quadratkilometern einnehmen. Die gefährlichsten Gewitter sind die sogenannten Superzellen mit ihren sehr intensiven Wetterereignissen. Besonders gefährlich sind ihre Begleiterscheinungen wie Sturzregen und Wolkenbrüche mit Hagelkörnern bis zu einem Durchmesser von vier Zentimetern und mit Windböen in einer Geschwindigkeit von bis zu 200 Kilometern pro Stunde. Bei bis zu ungefähr einem Viertel aller Superzellen kommt es zur Ausbildung eines Tornados. Diese Tornados zählen dann oft zu den schnellsten ihrer Art. Vor ihrem Auftreten ist vielfach die Entstehung einer Mauerwolke (vgl. Abb. 21) beobachtet worden, die durch die Absenkung der unteren rotierenden Wolkenbasis entsteht. Man vergegenwärtige sich, dass der Ursprung eines solchen Unwetters die Kondensation kleinster Wassertröpfchen ist – ein Prozess, der lediglich eine Verstärkung durch lokale Gegebenheiten erfährt und sich dadurch bis zu einem Tornado (vgl. Abb. 25) weiterentwickeln kann.

Ein Gewitter assoziieren wir mit Donner und Blitz, wobei wir den Blitz sehen, bevor wir den Donner hören. Warum ist das so? Während das Licht des Blitzes mit Lichtgeschwindigkeit zu uns gelangt, kann sich der Donner nur mit Schallgeschwindigkeit bewegen. Schall breitet sich mit ca. 330 Metern pro Sekunde in der Erdatmophäre aus. Die Lichtgeschwindigkeit beträgt hingegen rund 300 Millionen Meter pro Sekunde.

Obwohl der exakte Wert der Schallgeschwindigkeit temperaturabhängig ist, können wir die ungefähre Entfernung des Gewitters aus dem Produkt von Schallgeschwindigkeit und Zeit abschätzen, wenn wir den Zeitunterschied zwischen Blitz und Donner messen. Im Ernstfall, beispielsweise im Sommer am Badesee, kann

Tornado

Ein Tornado (spanisch: von *tonar*, umkehren, wenden) ist eine gewaltige rotierende Luftsäule, die gleichzeitig mit dem unteren Rand einer Gewitterwolke und dem Erdboden (Windhose) oder der Meeresoberfläche (Wasserhose) verbunden ist. Der Tornado ist ein extrem starker und gefährlicher Sturm mit senkrechter Drehachse. Er bildet sich unter Gewitterwolken. Luftströme mit hoher Luftfeuchtigkeit werden aus allen Richtungen in das Zentrum der Gewitterwolke gesogen. Diese Kombination aus verschiedenen Windrichtungen und der Kompression des einströmenden Gases führt zur Entstehung einer extrem schnell rotierenden Luftsäule direkt unterhalb des Zentralkanals der Gewitterwolke. Solche Tornados kann man auch bei Gewittern in der Aschewolke von Vulkanen beobachten.

41 | Eine dunkle Gewitterwolke entlädt sich mit heftigen Regenfällen und beindruckenden Blitzen in einer lokal begrenzten Umgebung. Man sieht den Hauptarm, verschiedene Nebenarme und wie die Gasentladung durch Verzweigung von der Wolke zum Erdboden fortschreitet. Aufgenommen bei Toowoomba, Australien.

man schnell herausfinden, wie viel Zeit noch bleibt, um nach Hause zu gelangen, bevor das Gewitter eintrifft. Bitte nicht unter einem Baum oder in einer Hütte auf einer Anhöhe Schutz suchen! Dort sind Sie der perfekte Blitzableiter, und das kann tödlich enden. Handeln sie lieber vorausschauend und machen sie keine Experimente mit dem Gewitterwetter!

Erinnern wir uns, dass Geschwindigkeit = Weg / Zeit ist. Wenn Sie also den Zeitunterschied zwischen Blitz und Donner messen und ihn mit der Schallgeschwindigkeit multiplizieren, wissen sie, wie weit die Gewitterwolke noch von Ihnen entfernt ist. Vergehen zehn Sekunden zwischen Blitz und Donner, dann ist das Gewitter 330 Meter/Sekunde × 10 Sekunden = 3300 Meter, also ca. drei Kilometer von ihnen entfernt. Bei 20 Sekunden sind es dann gut sechseinhalb Kilometer.

Wissenschaftliche Schätzungen der Gesamtanzahl der zu jeder Zeit auf der gesamten Erde auftretenden Gewitter liegen zwischen 1200 und 1800. Ein Großteil dieser Gewitter findet in den Tropen statt, da dort die Sonneneinstrahlung am intensivsten ist und sich die Luft deshalb tagsüber in beständiger Aufwärtsbewegung befindet.

Treibhauseffekt

Der Begriff „Treibhauseffekt" ist in aller Munde, und er hat einen bitteren Beigeschmack, da wir ihn mit dem negativ besetzen Wort „Klimaänderung" in Zusammenhang bringen. Auf das schweizerische „Unwort des Jahres" 2007, die „Klimakompensation", trifft man dann im Rahmen der weltweiten Klimadebatte. Sehen wir uns den physikalischen Hintergrund des Treibhauseffekts einmal an.

Die Erde wird von der Sonne bestrahlt und ca. 50% der Strahlungsenergie werden reflektiert und dann von der Atmosphäre re-absorbiert. Der verbleibende Anteil erwärmt die Erdoberfläche, weil die Erdatmosphäre für die Strahlung der Sonne im optischen Spektralbreich durchlässig ist. Diese Wärme wird als thermische Energie von der Erdoberfläche im infraroten Spektralbereich (vergleichbar mit einer Infrarotlampe) abgestrahlt. In diesem Wellenlängenbereich ist die Atmosphäre aber undurchlässig für diese Energien aufgrund der Absorptionsfähigkeit ihrer Wassermoleküle (36% bis 70%), ihres Kohlendioxids (9% bis 26%), ihres Methans (4% bis 9%) und ihres Ozons (3% bis 7%). Diese sogenannten Treibhausgase sind durchlässig für den kurzwelligen Anteil der Sonnenstrahlung. Die langwellige Wärmestrahlung hingegen wird je nach Treibhausgas in unterschiedlichen Wellenlängen absorbiert und emittiert. Dabei entsteht ein Ungleichgewicht zwischen der Menge der einfallenden Sonnenenergie und der wieder von der Erde in den interplanetaren Raum abgestrahlten Energiemenge. Diese Differenz führt dann zu einem Anstieg der Temperatur auf der Erde.

Man kann sich das anhand einer Glasscheibe (oder eines Gewächshauses) verdeutlichen. Die Glasscheibe lässt das Sonnenlicht durch, wodurch sich der Boden hinter dem Glas erwärmt. Diese Wärme wird als Infrarotstrahlung wieder abgegeben. Diese langwellige Strahlung gelangt jedoch nicht wieder durch die Glasscheibe hindurch. Sie bleibt gewissermaßen hinter der Scheibe „gefangen". Deshalb wird es hinter einer sonnenbeschienenen Glasscheibe warm und wärmer. Pflanzen können im Gewächshaus bei permanenter Sonneneinstrahlung sogar verbrennen – trotz kalter Außentemperatur!

Der atmosphärische Treibhauseffekt wird durch die Wolken verstärkt: Tief liegende Regenwolken können die Wärmeabstrahlung der Erde in den Weltraum auf lediglich ein Prozent reduzieren, während hoch liegende Eiswolken (Cirrus) 84% der langwelligen Strahlung hindurchlassen.

Vulkanausbrüche

Große Vulkanausbrüche haben seit Entstehung der Erde Einfluss auf das globale Klima. Während der immer wieder auftretenden Eiszeiten haben Vulkane die Erdatmosphäre mit dem Treibhausgas Kohlendioxid (CO_2) angereichert, dessen kontinuierliche Zunahme zu einem Anstieg der Temperatur durch den Treibhauseffekt auf der Erde führte.

Vulkaneruptionen bewirken den Anstieg der Schwefelsäure-Aerosolhäufigkeit sowohl in der Troposphäre als auch in der Stratosphäre, dabei in der unteren Stratosphäre sogar um das Zehn- bis Einhundertfache. Diese Aerosolkeime sind so klein, dass ihr gravitatives, also schwerkraftbedingtes Absinken sehr lange dauert, da, wie wir nun bereits wissen, effektive Prozesse, wie beispielsweise die Regenbildung in der Stratosphäre, fehlen. Infolgedessen klingen vulkanische Störungen nur äußerst langsam ab.

Die Aschewolken, die ein Vulkan ausstößt und die die Sonne verdunkeln können, bestehen aus kleinen Silikatkristallen. Diese Silikatkristalle sind in ihrer chemischen Zusammensetzung dem Sand am Strand sehr ähnlich. Der mit der Verdunkelung der Sonne einhergehende Temperaturabfall kann zu einer Kondensation des ursprünglich zu warmen, gasförmigen Wassers auf der Oberfläche der Vulkanascheteilchen führen. Dieser Temperaturabfall verändert aber auch die lokale Druckverteilung in der Atmosphäre, sodass es zu starken Winden oder sogar Stürmen kommen kann. Aschewolken beeinflussen, wie viel (oder in diesem Fall besser: wie wenig) Sonnenstrahlung auf die Erdoberfläche gelangen kann. Gleichzeitig erlauben Silikate aber das Entweichen der thermischen Infrarotstrahlung.

Die Wärmestrahlung der Erdoberfläche geht also verloren, während die Sonneneinstrahlung durch die Aschepartikelchen wie „ausgeschaltet" ist und die Erdoberfläche nicht wieder aufheizen kann. Mittelfristig sinkt dadurch die Lufttemperatur im Bereich der erdoberflächennahen Schichten.

Der isländische Vulkan Eyjafjallajökull (vgl. Abb. 27) schleuderte während der Zeit seiner stärksten Aktivität im Jahr 2010 seine Aschewolke mit einer Geschwindigkeit von sieben Stundenkilometern in eine Höhe von zehn Kilometern.

Während eines Vulkanausbruchs kann es zu Blitzen und Donner kommen, ganz wie wir es von den für die Erde normalen Wasserwolken kennen. Nur besteht die Aschewolke eines Vulkans neben Gas eben auch aus einem beträchtlichen Anteil kleinster Staubteilchen. Diese Staubteilchen sind nicht nur für das Klima von Interesse, sondern auch für die Fluggesellschaften, da sie wie kleine, klebrige Geschosse auf die Flugzeugturbinen wirken können.

42 | Aurora Australis, das Polarlicht am Südpol, während eines geomagnetischen Sturms am 24. Mai 2010. Das Bild wurde von der Internationalen Raumstation ISS aus aufgenommen.

WOLKEN ÜBER DEN WOLKEN

Ein Besuch in der Stratosphäre

Troposphärische Wolken begleiten unseren Alltag und sind eine lebenswichtige Komponente des Wasserkreislaufs unserer Erde. Aber auch oberhalb der Troposphäre sind Wolken beobachtet worden, die in der sehr kalten und wasserarmen Umgebung der Stratosphäre entstehen. Oft zeichnen sie sich durch große Schönheit aus. Sie spielen aber vor allem auch eine wesentliche Rolle für den schützenden Ozongehalt der Erdatmosphäre. Die „Wolken über den Wolken" zeigen uns, wie empfindlich Prozesse an ganz verschiedenen Orten der Atmosphäre miteinander in einem globalen Zusammenhang stehen, also gekoppelt sind.

Aerosole in der Stratosphäre

Fast unsichtbare Wolkenteilchen in großen Höhen beeinflussen den Strahlungshaushalt der Atmosphäre und damit langfristig das Klima der Erde. Das geschieht durch eine verstärkte Rückstreuung des Sonnenlichts in den Weltraum aufgrund einer erhöhten planetaren Albedo, durch Absorption der Sonnenstrahlung in der Stratosphäre und durch Absorption und Emission der Wärmestrahlung der Erde.

Die **Albedo** ist das prozentuale oder auch relative Reflexions- und Rückstreuvermögen eines Himmelskörpers. So reflektiert beispielsweise Ackerland 10% der einfallenden Sonnenstrahlung, Wüstensand 30%, das Meer bei senkrechtem Einfall der Sonnenstrahlen lediglich 4%, bei streifendem Einfall jedoch 90%. Die Polregionen haben eine Albedo von bis zu 90%. Bestünde die Erdoberfläche vollständig aus Polareis, erschiene sie einem Beobachter sehr hell, verglichen mit einer Erde, die von Wüsten bedeckt ist. Der Grund dafür ist, dass das Eis extrem viel Sonnenlicht reflektiert.

Die Quellen der Aerosole in der Stratosphäre lassen sich in zwei Gruppen einteilen:

- Ein stetiger, diffusiver Massenfluss aus der Troposphäre und aus der planetaren Grenzschicht führt zur Bildung einer annähernd stationären Aerosolschicht in der Stratosphäre.
- Vulkanausbrüche sowie die aus den Vulkangasen kondensierenden Teilchen bilden episodische Aerosolschichten in der Stratosphäre. Die Massenkonzentrationen sowie die optische Wirkung dieser Schichten können für begrenzte Zeiten zehn- bis 100-mal größer sein als die der stationären Aerosolschicht.

Der Massenfluss aus der Troposphäre erzeugt eine Aerosolschicht, in der die Anzahl der kleinen Teilchen mit Radien von ca. 0,01 Mikrometern mit der Höhe abnimmt. Es zeigt sich jedoch, dass es wenige Kilometer oberhalb der Troposphäre eine Schicht gibt, in der sich Teilchen *in situ* (lateinisch: in Position, genau dort) aus den aus der unteren Atmosphäre durch die Troposphäre gelangenden gasförmigen Schwefelverbindungen gebildet haben müssen. Diese großen Teilchen mit Radien größer als 0,1 Mikrometer liefern den Hauptteil der Aerosolmasse und bilden so eine definierte stratosphärische Aerosolschicht in etwa 20 Kilometer Höhe (sogenannte Junge-Schicht).

Polare, stratosphärische Wolken

Polare Stratosphärenwolken (englisch: *polar stratospheric clouds*, PSC) treten in Höhen zwischen 20 und 30 Kilometern in der Stratosphäre dann auf, wenn die Temperatur in der normalerweise recht warmen Stratosphäre auf sehr niedrige Werte fällt. Daher ist das Auftreten dieser Wolken auf die Wintermonate beschränkt, und das auch nur in sehr kalten Gebieten wie etwa Skandinavien, Alaska oder der Antarktis. Es gibt zwei Arten dieser extrem hoch liegenden stratosphärischen Wolken.

Perlmuttwolken (englisch: *nacreous clouds*) bestehen aus reinen Wasser- oder Eiskristallen und bilden sich bei Temperaturen um –85 °C bis –90 °C und darunter. In etwa 25 Kilometer Höhe vorkommend, haben sie ein linsenförmiges Aussehen (Abb. 43) und sind in ihrer Ausdehnung recht begrenzt. Aerosole in der Stratosphäre dienen ihnen als Kondensationskeime. Diese Wasserkristalle haben eine Größe von ungefähr zehn Mikrometern und sind damit schwer genug, um in die Troposphäre abzusinken. Das führt zu einer Dehydrierung, also zu einem Wasserentzug aus der ohnehin schon sehr wasserarmen

43 | Perlmuttwolke über Island.

Stratosphäre. Diese Wolken tragen ihren Namen, weil ihr Farbenspiel sehr große Ähnlichkeit mit dem Perlmuttschimmer einer offenen Muschel hat.

Die zweite Gruppe stratosphärischer Wolken sind die sogenannten Mischwolken. Hier unterscheidet man die NAT-Wolken (englisch: *Nitric Acid Trihydrate*, deutsch: Salpetersäure-Trihydrat) sowie die STS-Wolken (englisch: *Supersaturated Ternary Solution*, deutsch: übersättigtes ternäres Gemisch).

Die NAT-Wolken sind feingliedrig und treten häufig sehr großflächig auf. Sie bestehen aus einem Mikrometer großen Teilchen, die als feste Salpetersäure-Trihydrat-Teilchen charakterisiert werden können (HNO_3 mit je drei Wassermolekülen). Sinken die Temperaturen weiter ab, können diese NAT-Teilchen weiter wachsen und auch Salzsäure (HCl) und Schwefelsäure (H_2SO_4) aufnehmen.

Die STS-Wolken sind nicht beobachtbar und häufig nur mit Messgeräten festzustellen. Sie bilden sich aus unterkühlten Schwefelsäure-Aerosolen der Stratosphäre. In diesem Zustand haben sie ein hohes Lösungsvermögen und bilden ein Gemisch aus drei Stoffen (man nennt das ein „ternäres Gemisch"): Schwefelsäure, Salpetersäure und Wasser. Dieses Gemisch kann ohne Probleme Kondensationskeime formen und so Aerosolwolken in der Stratosphäre bilden.

Polare Stratosphärenwolken sind wichtig für den Ozonhaushalt der Stratosphäre. Sie führen durch Aktivierung von Chlorverbindungen zur Zerstörung des stratosphärischen Ozons O_3, also zur Schädigung der sogenannten Ozonschicht. Dieses Chlor stammt zu einem großen Teil aus FCKW (Fluorchlorkohlenwasserstoff) und kommt normalerweise in gebundenen, unreaktiven Verbindungen in der Stratosphäre vor (beispielsweise in Form von Salzsäure HCl und Chlornitrat $ClONO_2$). Erst die Anwesenheit der Wolkenpartikel erlaubt die Aktivierung des gebundenen Chlors durch die chemische Reaktion $ClONO_2 + HCl \rightarrow Cl_2 + HNO_3$. Das Licht der Frühlingssonne bewirkt dann die Bildung atomaren Chlors aus Cl_2. Es beginnt ein lawinenartiger Ozonabbau durch die Reaktion $O_3 + Cl \rightarrow O_2 + ClO$, der schließlich zur Bildung des arktischen Ozonlochs führt (siehe auch Abb. 21).

Verdampfen die polaren Stratosphärenwolken, wird kein atomares Chlor mehr erzeugt und die Ozonschicht regeneriert sich in den warmen Jahreszeiten wieder.

Polare Stratosphärenwolken sollten übrigens nicht mit leuchtenden Nachtwolken verwechselt werden. Polare Stratosphärenwolken befinden sich in einer Höhe von 25 Kilometern, leuchtende Nachtwolken kommen erst bei ca. 80 Kilometer Höhe vor.

Leuchtende Nachtwolken

Leuchtende Nachtwolken (englisch: *noctilucent clouds*) (Abb. 44) oder polare mesosphärische Wolken erscheinen bei Nacht hell, obwohl die Sonne bereits untergegangen ist. Sie bestehen wie die Perlmuttwolken aus Eiskristallen, bilden sich jedoch in der wesentlich dichteren Mesopause oberhalb der Mesosphäre.

Leuchtende Nachtwolken entstehen in Höhen von 80 bis 85 Kilometern. Da sie im Vergleich zu troposphärischen Wetterwolken sehr hoch liegen, können sie von der nach Sonnenuntergang schräg unter dem Horizont stehenden Sonne angestrahlt werden und sind so länger sichtbar als die wesentlich tiefer liegenden Wetterwolken. Diese hoch liegenden Wolken reflektieren also das Sonnenlicht noch, während die untere Atmosphäre bereits im Dunkeln liegt. Leuchtende Nachtwolken sind somit nur direkt nach Sonnenuntergang oder kurz vor Sonnenaufgang zu beobachten und erscheinen wie ein feines Netz.

44 | Leuchtende Nachtwolke über St. Andrews, Schottland.

Ihre Färbung hängt vom Sonnenstand und der Größe der Wolkenteilchen ab (vgl. Kondensstreifen; Seite 66).

Die Frage nach ihrer Entstehung ist noch nicht abschließend geklärt, da die Kondensation reiner Eiskristalle auch in diesem Fall unmöglich ist. Eine mögliche Quelle für Kondensationskeime sind Vulkane, jedoch werden leuchtende Nachtwolken auch unabhängig von Vulkanausbrüchen beobachtet. Es muss also eine kontinuierlichere Quelle für Kondensationskeime in der Mesopause geben.

Die Bildung solcher kristallinen Wolkenpartikel steht höchstwarscheinlich in Zusammenhang mit dem Verglühen von Meteoren in diesen Schichten der Erdatmosphäre. Meteore sind Meteoriten, die in die Erdatmosphäre eintreten. Dieser Eintrittsprozess macht Meteorite zu Meteoren. Meteoriten sind kleine Gesteinsbrocken aus unserem Sonnensystem, die im Gravitationsfeld der Erde gefangen sind und so auf die Erde zustürzen. Da Meteore nur sandkorngroß sind, verglühen sie beim Eintritt in die Erdatmosphäre vollständig und recht schnell. Sie erreichen daher nicht den Erdboden, sondern verglühen durch die Reibung mit dem sie in der Erdatmosphäre umgebenden, zum Erdboden hin immer dichter werdenden Gas. Sie setzten dabei Elemente frei, die aufgrund niedriger Temperaturen in der Mesopause re-kondensieren.

Eine andere Möglichkeit ist, dass die Meteore nicht verdampfen, sondern förmlich zerplatzen und dadurch in kleine Sandkörner zerfallen, die dann als Keime für die Wassereisbildung dienen. Das Aufleuchten von Sternschnuppen geschieht in einer vergleichbaren Höhe der Atmosphäre. In dieser Höhe wurde auch eine Schicht von Metallatomen identifiziert, die in diesem atmosphärischen Bereich nur von verglühenden Meteoren stammen können.

Eine wieder andere Erklärung bezieht sich auf die Abkühlung der Mesosphäre auf –160 °C, einer extremen Temperatur, bei der dann reines Wasser kondensieren können soll.

▸ Fragen und Antworten

Wie stark ist ein Gewitter?

Die Stärke eines Gewitters wird nicht klassifiziert, ganz im Gegensatz zu Tornados oder Hurrikanen. Die Klassifikation eines Tornados erfolgt jedoch auf der Basis des durch ihn angerichteten Schadens, nicht auf der Basis physikalischer Betrachtungen. Die Menge des Niederschlags sowie die Anzahl von Blitz und Donner während eines Gewitters wird durch die Stärke der vertikalen Luftbewegung bestimmt, das heißt durch die Menge des in kältere Atmosphärenschichten transportierten gasförmigen Wassers.

Zur Abschätzung der Gewitterstärke kann man sich die frei werdende Energie während der Hauptentladung des Gewitters ansehen: Die Stromstärke bei der Hauptentladung eines Gewitters kann im Blitzkanal in Sekundenschnelle bis auf 300 000 Ampere ansteigen, die Temperatur steigt dabei ebenso schnell auf 30 000 °C. Da diese Entladungen binnen Sekunden geschehen, ist die erzeugte Energie pro Zeiteinheit sehr gering.

Warum donnert es bei einem Gewitter?

Die sekundenschnelle Erhitzung des Gases im Blitzkanal führt dazu, dass sich das Gas sehr schnell ausdehnen muss. Die Luft im Blitzkanal explodiert förmlich. Den Knall dieser Explosion hören wir als Donner oder in großen Entfernungen als Donnergrollen.

Was sind Halos?

Halos oder Eisbogen entstehen durch Reflexion und Brechung des Sonnenlichts an sehr regelmäßig gewachsenen, durchsichtigen Eiskristallen in der Luft. Um einen Halo sehen zu können, muss der Beobachter in Richtung Sonne oder Mond schauen (vgl. Abb. 23). Mondhalos werden auch als *Nebenmond* bezeichnet und entsprechend können Halos um oder in der Nähe der Sonne auch *Nebensonne* heißen.

Der gleiche Prozess von Reflexion und Brechung an Eiskristallen führt zu *Snowangels* (Schneeengeln) (Abb. 45). Diese Schneeengel zeigen Reflexionen des Sonnenlichts an in der Erdatmosphäre schwebenden, planaren

45 | Schneeengel vom Boden (links) und vom Flugzeug aus fotografiert. Eiskristalle in der Atmosphäre fallen nach unten, und einige sind genau richtig orientiert, um das Sonnenlicht zum Beobachter zu reflektieren.

Schneeflocken, an denen das Licht senkrecht zurück reflektiert wird. Den Effekt kennt man von aufgewirbelten Schneeflocken, jedoch auch von in großen Höhen schwebenden Eiskristallen. Während die Schneeflocken in Abbildung 38 (links) aufgewirbelt werden, müssen sich die schwebenden Eiskristalle in Abbildung 38 (rechts) in der Atmosphäre gebildet haben.

Wie entstehen Polarlichter?

Polarlichter (Abb. 46) sind keine Wolken. Die nördlichen Polarlichter werden auch als Nordlichter oder *Aurora Borealis* bezeichnet, die südlichen Polarlichter tragen den Namen *Aurora Australis* (lateinisch für „Südlicht"). Sie entstehen in der Thermosphäre, weit oberhalb der Wolkenbildungszonen unserer Erdatmosphäre, durch die Wechselwirkung des sogenannten Sonnenwinds mit dem Erdmagnetfeld. Der Sonnenwind besteht unter anderem aus schnellen Elektronen und Protonen, die in den interplanetaren Raum geschleudert werden. Mit einigen Tagen Verzögerung erreichen sie die Erde und werden durch das Erdmagnetfeld zu Süd- und Nordpol hingeleitet und beschleunigt. Dabei dringen sie in die oberste, dünne Schicht der Erdatmosphäre, die Iono- oder Thermosphäre, ein. Dort kollidieren sie mit Sauerstoff- oder Stickstoffmolekülen. Die Kollisionen ionisieren diese Moleküle und regen sie zum Leuchten an. Die Farbe des abgestrahlten Lichts ist elementspezifisch. So strahlt zum Beispiel in einer Höhe von 80 bis 150 Kilometern der Sauerstoff grünes und der Stickstoff bei einer Höhe von 150 bis 600 Kilometern rotes Licht aus. Unzählige gleichzeitig stattfindende Kollisionen von elektrisch geladenen Partikeln des Sonnenwinds mit Gasatomen der Erdatmosphäre führen zu der großflächigen Leuchterscheinung, die wir als Polarlicht wahrnehmen.

Bei Sonnenstürmen, also einer besonders hohen Sonnenwindaktivität, können die Polarlichter sogar in Mitteleuropa sichtbar sein – und ganze Stromnetze lahmlegen und so großen Schaden anrichten. Max Rauner, Redakteur beim Magazin „ZEIT Wissen", hat für seinen Artikel „Wenn die Hölle vom Himmel scheint" (2009) recherchiert, dass weltweit nur Finnland seine Trafos in Kraft- und Umspannwerken gegen Sonnenstürme gewappnet hat.

In den Jahren maximaler Sonnenaktivität ist mit natürlichen Polarlichtern insbesondere in Nordskandinavien, Nordschottland, Island, Grönland, Kanada, Alaska und Nordsibirien zu rechnen. Die beste Beobachtungszeit ist zwischen Anfang September bis Mitte April. Im Sommer sind die bunten Lichtspiele kaum zu sehen, denn in dieser Zeit ist der Himmel zu hell.

Auch Kernwaffentests können aufgrund der extrem hoch energetischen Teilchenstrahlung, die während einer Kernwaffenexplosion freigesetzt wird, Polarlichter in der Thermosphäre hervorufen.

Was ist ein Zodiakallicht?

Auch das Zodiakallicht ist keine Wolke, wenngleich es bei flüchtigem Hinschauen zunächst so erscheinen mag. Es entsteht durch Streuung der Sonnenstrahlen an kleinsten Staubteilchen um die Sonne in der Planetenebene (lateinisch: *Zodiak*) und ist im Frühjahr auf der nördlichen Halbkugel als äußerst schwache permanente und lokal begrenzte Leuchterscheinung am Himmel sichtbar. Ist die Sonne gerade unter den Horizont gesunken, erscheint das Zodiakallicht am westlichen Horizont als eine pyramidenförmige Leuchterscheinung.

46 | Polarlichter, von der Erde aus gesehen.

47 | Riesensturm in Saturns Atmosphäre. Die europäisch-amerikanische Raumsonde Cassini/Huygens hat am 5. Dezember 2010 erstmals einen Riesensturm auf der Oberfläche des Planeten Saturn hoch aufgelöst fotografieren können. Dieser Sturm bewegt sich durch die dichte Wolkendecke des Planeten und hat seit seinem Erscheinen zehn Gewitterentladungen produziert. Der Planet Saturn ist seit der Antike bekannt und wurde 1610 erstmals von dem italienischen Mathematiker und Physiker Galileo Galilei mit einem eigens entwickelten Fernrohr beobachtet.

Der Ursprung des Zodiakallichts liegt also nicht in der Erdatmosphäre, sondern im interplanetaren Medium. Das interplanetare Medium ist, wie bereits ausgeführt, nicht leer. Es enthält neben sehr wenigen Gas- auch Staubteilchen, die sowohl Überreste der Entstehung unseres Sonnensystems als auch Überbleibsel von in der Sonnennähe verdampften Kometen sind. Aufgrund der Drehimpulserhaltung landet dieser Staub immer in der Ebene, in der sich die Planeten unseres Sonnensystems um die Sonne bewegen.

Gibt es Wolken außerhalb der Erde?

Venus, Jupiter und Saturn sind, genau wie die Erde, Planeten unseres Sonnensystems. Sie sind, ebenso wie die Erde, schwer genug, damit ihre Atmosphären stabil gravitativ gebunden sind. Die jeweilige Anziehungskraft der Planeten hält also deren Atmosphäre „fest". Pluto und der Saturnmond Titan haben hingegen eine sehr fragile Atmosphäre. Der abnehmende Abstand zur Sonne kann zum Verlust der Atmosphäre solch kleiner Objekte in den interplanetaren Raum führen, wie Forscher von der Universität St. Andrews nachweisen konnten.

Zusätzlich sind die Atmosphären von Venus, Jupiter und Saturn dicht und kalt genug, dass Wolkenbildungsprozesse stattfinden könnten. Ein Vergleich zwischen Saturn (Abb. 47) und Erde zeigt aber, dass Unterschiede in den Punkten Planetenmasse, Abstand von der Sonne und chemische Zusammensetzung der Atmosphäre zur Bildung sehr unterschiedlicher Wolken führen. Der Abstand zur Sonne bestimmt maßgeblich, ob ein Planet überhaupt Wolken ausbilden kann oder ob er dazu nicht generell

48 | Der Planet Jupiter hat eine ähnlich mächtige Atmosphäre wie der Planet Saturn, zeigt aber eine wesentlich strukturreichere, beobachtbare Atmosphäre. Charakteristisch sind band-artige Wolkenstrukturen und Wirbelstürme verschiedenster Größe. Besonders auffällig ist der im Bild sichtbare ovale, große rot-bräunliche Fleck, in den die Erde mehrere Male hineinpassen würde. Er ist seit mindestens 300 Jahren zu sehen. Die Monde des Jupiter wurden von Galileo Galilei 1610 entdeckt. Der Mond Io ist unten rechts zu sehen.

49 | Titan, der größte Mond des Planeten Saturn, verfügt als einziger Mond über eine Atmosphäre. Titan wurde 1655 von dem niederländischen Astronomen Christiaan Huygens (1629 – 1695) entdeckt. Der europäisch-amerikanischen Raumsonde Cassini/Huygens gelang die Beobachtung eines äquatorialen Wolkengürtels auf dem Saturnmond Titan. Die Wolken erscheinen im Bild weiß, während die Titanoberfläche als dunkler Hintergrund durchscheint. Die Wolken auf Titan bestehen aus Methan (CH_4), im Gegensatz zu den Wasserwolken auf der Erde.

viel zu warm ist. Hinzu kommt, dass Jupiter (Abb. 48) und Saturn keine der Erde vergleichbare Planetenkruste haben, die als Keimbildungsgenerator dient. Außer der Erde sind alle anderen Wolkenplaneten von einer dichten Wolkenschicht umhüllt. Aktuelle Beobachtungen des Cassini-Huygens-Satelliten[5] deuten jedoch darauf hin, dass der Saturnmond Titan Wolkenstrukturen bildet, die denen der Erde vergleichbar sind (Abb. 49) – nur sind diese Wolken aus Methan und nicht aus Wasser.

Die Antwort auf die obige Frage lautet demnach: Ja, es gibt Wolken außerhalb der Erde. Jedoch unterscheiden sich diese teilweise erheblich von denen auf unserer Erde.

50 | Wolken, Vögel, Mond und Venus zeigt diese einzigartige Aufnahme.

WOLKEN ALS WIEGE DES LEBENS

Schutzschirm und „Gießkanne" in einem

Wenn es nicht regnet, verdorrt das Leben auf der Erde. Der Regen fällt aus Wolken, und Wolken bilden sich aus kondensierendem Wasser in der Erdatmosphäre. Die Wolkenschicht der Erde transportiert folglich Wasser über weite Strecken und schützt zusätzlich das Leben auf der Erde vor schädigender UV- und Röntgen-Strahlung. Sie schützt die Erdoberfläche sowohl vor Auskühlung als auch Überhitzung und speichert Gase (wie zum Beispiel Stickstoff, den für Pflanzen wichtigen Nährstoff) oder wäscht Staubteilchen aus der Atmosphäre (wie beispielsweise Pollen oder Vulkanasche).

Wolken spielen offensichtlich eine große Rolle für das Leben auf der Erde. Aber wie fing alles an? Unter welchen Umständen kann Leben entstehen? Können wir von unseren Nachbarplaneten lernen? Gibt es Leben auch außerhalb unserer Erde oder gar außerhalb des Sonnensystems?

Das sind Fragen, denen Astronomen aus aller Welt nachjagen, indem sie immer bessere Teleskope bauen, um so nach erdähnlichen Planeten außerhalb unseres Sonnensystems suchen zu können. Ein großer Anteil der bisher entdeckten Planeten[6] außerhalb unseres Sonnensystems ähnelt jedoch nicht der Erde, sondern dem Planeten Jupiter. Sie zählen zur Klasse der Riesenplaneten und sind von einer dichten Wolkendecke umhüllt. Mit der amerikanischen Weltraummission *Kepler* sind nun auch eine große Anzahl erdähnlicher Planeten außerhalb unseres Sonnensystems bekannt geworden. Aber oft sind diese zu weit von dem Zentralgestirn (vergleichbar unserer Sonne) entfernt und daher extrem kalt. In jedem Fall ist die chemische Zusammensetzung der Atmosphären dieser Planeten höchstwarscheinlich ganz anders als auf der Erde, und doch sind die Wolkenbildunsprozesse überall gleich. Man könnte es fast ein kosmologisches Prinzip der Wolkenbildung nennen: Wolkenbildung findet statt, wenn die äußeren Umstände es erlauben – unabhängig davon, wo im Universum sie stattfinden.

Die einzige Möglichkeit, Wolken und ihre Wirkung auf extrasolaren Planeten zu untersuchen, ist, unser Wissen, das wir auf der Erde gesammelt haben, auf andere Planeten anzuwenden und somit weiterzuentwickeln. Das bedeutet, dass wir uns der Frage stellen müssen, inwiefern sich unsere Erwartungen und vielleicht auch Vorurteile zur Wolkenbildung und ihrer Wirkung auf Atmosphären mit anderen Temperaturen, Drücken und auch anderen chemischen Zusammensetzungen bestätigen – oder eben auch nicht.

Würden Astronomen einen der Erde in jeder Hinsicht gleichen Planeten, einen Erd-Zwilling, finden, wüssten wir, was wir erwarten können. Was jedoch sollen wir uns vorstellen, wenn der entdeckte Planet nicht gleich, sondern nur scheinbar unwesentlich verschieden ist, beispielsweie in seiner Atmosphärenstruktur? Beispiele hierfür kennen wir zur Genüge in unserem Sonnensystem, wie etwa den Saturnmond Titan (vgl. Abb. 49).

Die Wolken der Planeten unseres Sonnensystems

Alle Sonnensystemplaneten sind kalt genug, damit Flüssigkeiten in ihren Atmosphären kondensieren könnten. Auf fast allen Planeten des Sonnensystems sind schon Wolken beobachtet worden, außer auf dem der Sonne am nächsten stehenden Merkur, selbst auf unserem Nachbarplaneten Mars sind dünne Wolkenschleier aus CO_2 beobachtet worden. Die Planeten des Sonnensystems unterscheiden sich sowohl in der chemischen Zusammensetzung ihrer Atmosphären als auch in ihrer Masse. Die größere Masse und tieferen Temperaturen der Gasriesen Jupiter, Saturn und Uranus bewirken, dass diese Planeten eine sehr dicke Atmosphäre mit einer ausgedehnten Wolkenschicht haben. Die kleineren und sehr viel wärmeren Planeten Merkur und Mars hingegen haben fast ihre gesamte Atmosphäre in den interplanetaren Raum verloren.

Die Planeten des Sonnensystems umkreisen das Zentralgestirn, die Sonne, in einer scheinbaren Scheibenebene (Ekliptik). Diese scheibenförmige Umlaufbahn ist das Ergebnis der Planetenentstehungsgeschichte. Der sonnennächste Planet ist Merkur, gefolgt von Venus, Erde, Mars, Jupiter, Saturn, Uranus und Neptun. Merkur und Mars haben die geringste Masse, Uranus, Saturn und Jupiter sind in dieser Reihenfolge (von klein nach groß) die massereichsten Planeten des Sonnensystems. Außer Merkur und Venus, die beide keine Monde haben, haben alle anderen Planeten meistens mehrere Monde. Mars hat zwei Monde (Phobos und Deimos). Die Erde ist der einzige Planet im Sonnensystem mit nur einem Mond.

Größe und Ausdehnung der Wolken variieren unter den Planeten des Sonnensystems, da die Ausdehnung der jeweiligen Atmosphären von der Gravitationskraft der Planeten, also von ihrer Masse, abhängt. So weht beispielsweise ein Sandsturm auf dem Mars 20-mal höher als auf der Erde und kann auch flächenmäßig eine deutlich größere Ausdehnung erreichen.

Auch die chemische Zusammensetzung in der Atmosphäre, die von der lokalen Temperatur und Dichte in der Atmosphäre bestimmt wird, führt dazu, dass die Planeten Wolken verschiedenster Materialzusammensetzung haben. Die Wolken auf der Venus bestehen zum Beispiel aus Schwefelsäuretröpfchen (H_2SO_4) und nicht aus dem Kondensat des Kohlendioxids – obwohl Kohlenmonoxid das häufigste Molekül in der Venusatmosphäre ist. Schwefelsäure ist farblos, ölig und stark ätzend.

Jupiter und Saturn haben dagegen Wolken, die von oben nach unten ihre Materialzusammensetzung von Ammoniak (NH_3) nach Ammoniumhydrosulfid (NH_4HS) bis hin zu Wasserwolken ändern. Es gibt hierbei keinen Grund anzunehmen, dass die Ammoniak- und Ammoniumhydrosulfidwolken nicht in die darunterliegenden Wasserwolken hineinregnen. Sowohl Ammoniak als auch Ammoniumsulfid sind giftig. Ammoniak wirkt zudem erstickend für Mensch und Tier.

Saturn hat, verglichen mit Jupiter, einen höheren Stickstoffanteil (N) in der Atmosphäre und erscheint daher gelblich. Interessanterweise hat man in den oberen atmosphärischen Schichten des Saturns polare stratosphärische Aerosole entdeckt. Das bedeutet also: Dort gibt es, anders als auf der Erde, Kondensate in sehr dünnen und sehr kalten Regionen der Atmosphäre. Einen Eindruck von der unterschiedlichen chemischen Zusammensetzung der Saturnwolkenschicht bekommt man auf Abbildung 51. Das Foto in Falschfarben verdeutlicht die in verschiedenen Wellenlängen und Temperaturen absorbierenden Gas-Spezies.

Mit einer Falschfarbenaufnahme kann man geschickt mehrere Informationen in einer Aufnahme unterbringen, die durch Kombination ein verständliches Bild liefern. Im Fall des Fotos vom Saturn-Sturm sind Beobachtungen in drei verschiedenen Wellenlängen eingeflossen. Jede dieser Wellenlängen wird durch eine Farbe dargestellt, und eine Überlagerung dieser Farben zeigt dann, wo die jeweilige Wellenlänge relativ zu den anderen Wellenlängen in der Atmosphäre dominiert.

Uranus zeigt eine im Vergleich zu Jupiter und Saturn sehr homogene Wolkendecke, höchstwahrscheinlich daher,

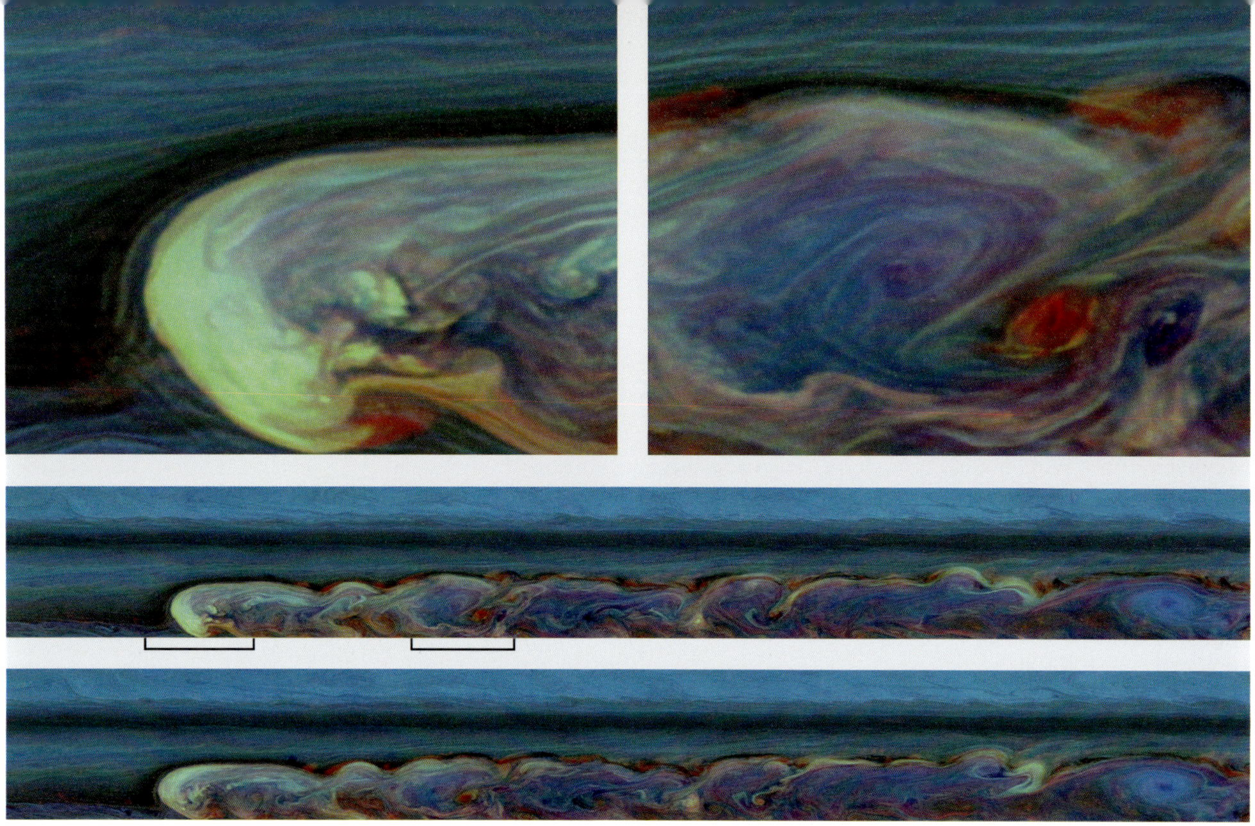

51 | Eine Falschfarbenaufnahme des Riesensturms in der Atmosphäre des Planeten Saturn. Die oberen beiden Bilder zeigen den Sturmkopf, und die unteren beiden Aufnahmen verdeutlichen die Ausdehnung sowie die Veränderlichkeit des Sturmbands, das sich um den Saturn legt.

weil seine Wolken ausschließlich aus Methaneis (CH_4) bestehen. Die Wolken des Neptun bestehen ebenfalls aus Methaneis.

Obwohl Mars eigentlich zu den wolkenlosen Planeten zählt, gibt es auch von ihm Beobachtungen von Kondensationserscheinungen in seiner sehr dünnen Atmosphäre. Man hat auf dem Mars kurzlebige und sehr unregelmäßige Erscheinungen von cirrusartigen Wolken beobachten können. Sie werden auf verdampftes CO_2-Eis der Mars-Polkappen zurückgeführt, das durch Winde über den Planeten verteilt wird. Wolken aus Wassereis sind mit der Raumsonde *Mars Global Surveyor* ebenfalls entdeckt worden.

Ginge man vom Mond der Erde aus, könnte man annehmen, dass Monde generell keine Wolken haben. Diese Annahme widerspräche jedoch unserem kosmologischen Prinzip der Wolkenbildung, nämlich dass Wolkenbildung immer dann stattfindet, wenn die äußeren Umstände es erlauben – unabhängig vom Ort im Universum.

Wer so denkt, den wundert es nicht, dass die Weltraummission Cassini-Huygens offenbarte, dass es Methan-Wolken auf dem Saturnmond Titan gibt. Der Kohlenstoff in Titans Atmospäre ist in so viel Methan (CH_4 [g]) gebunden, dass es dort zur Kondensation von Methantröpfchen in einer stickstoffdominierten Atmosphäre kommt. Die Wolken dieses Mondes bestehen also aus

Methantröpfchen. Titan hat wie die Erde eine feste Oberfläche, eine Kruste, von der aus Kondensationskeime in die Atmosphäre gelangen können.

Im Jahr 2004 entdeckte die Raumsonde Cassini erste Hinweise auf vulkanische Aktivität auf der Oberfläche dieses Mondes. Das hat weitreichende Folgen für die Möglichkeit der Wolkenbildung in der Titan-Atmosphäre und damit für den Schutz möglicher biologischer Aktivitäten auf diesem Mond – vorausgesetzt, dass sich eine Titan-Biologie unter den Methanwolken bilden kann. Methanwolken erlauben nach heutigen Erkenntnissen kein Leben, wie wir es kennen, auf der Oberfläche des Titan. Hinzu kommt, dass die Temperaturen auf der Titanoberfläche viel zu niedrig sind. Würden Sie also auf der Oberfläche Titans stehen, wäre es extrem kalt, Sie müssten eine Atemmaske tragen – und Sie könnten berichten, wie Methanwolken wirklich aussehen.

Wolken von extrasolaren Planeten

Der Wolkenbildungsprozess ist, wie wir gesehen haben, nicht nur auf die Erde beschränkt. 75%, das heißt sechs von acht der Planeten unseres Sonnensystems, weisen Wolken verschiedenster chemischer Zusammensetzungen auf, und sie sind, von nur einer Ausnahme abgesehen, giftig für uns Menschen. Nur die Erde mit ihren Wasserwolken ermöglicht Leben, wie wir es kennen.

Eine der größten und bis jetzt ungelösten Fragen der Menschheit ist, ob es auch Leben außerhalb unseres Sonnensystems gibt. Die Frage nach potenziell dafür geeigneten Planeten außerhalb unseres Sonnensystems haben Wissenschaftler bereits in den Jahren 1992 bzw. 1996 mit der Entdeckung des ersten Planeten, der einen anderen Stern als die Sonne umkreist, beantwortet. Nach ersten Abschätzungen aus Ergebnissen der 2009 gestarteten Weltraummission Kepler[7] soll allein unsere Galaxie, die Milchstraße, 50 Millionen Planeten beinhalten.

Planeten außerhalb unseres Sonnensystems sehen mit ziemlicher Sicherheit ganz anders aus als die, die wir bislang kennen. Der Großteil der zurzeit bekannten extrasolaren Planeten hat im Vergleich zur Erde eine völlig andere chemische Zusammensetzung der Atmosphäre. Die Wahrscheinlichkeit, dass sich Wasserwolken in diesen Atmosphären bilden, ist nicht sehr hoch. Was aber bildet sich dort?

Viele der zurzeit bekannten extrasolaren Planeten sind Gasplaneten. Das bedeutet, dass sie keine feste Oberfläche oder Kruste haben, wie etwa Erde oder Venus, von der aus durch Vulkanausbrüche Kondensationskeime in die Atmosphäre geschleudert werden könnten. Für die Wolkenbildung in diesen Atmosphären müssen sich die Kondensationskeime also aus der Gasphase bilden – ganz im Gegensatz zur Erde. Der sich an die Keimbildung anschließende Wachstumsprozess bestimmt die dominierende Materialzusammensetzung der Wolkenpartikel. Ein Beispiel: Wir nehmen den Regen auf der Erde nicht primär als das den Keim bildende Salz- oder Sandkorn wahr, sondern vor allem als Wassertropfen.

Die tatsächlich ablaufenden chemischen Reaktionen auf der Keimoberfläche hängen von der elementaren Zu-

Mars Global Surveyor

Der Mars Global Surveyor war eine Raumsonde im Rahmen der gleichnamigen Weltraummission der amerikanischen Raumfahrtbehörde NASA zum Mars. Teil dieser Mission, die von 1997 bis 2006 Daten zur Erde sandte, war die Suche nach Hinweisen auf das Vorhandensein von Wasser auf unserem Nachbarplaneten Mars.

Was wäre, wenn Sie auf einem extrasolaren Planeten wären?

Wenn Sie sich einen der bisher entdeckten Planeten aussuchen und diesen ungeschützt besuchen wollten, würden Sie sterben, da es dort entweder viel zu heiß oder viel zu kalt wäre, die Einstrahlung des Zentralgestirns vernichtend wirken würde und Sie in jedem Fall in der Atmosphäre ersticken würden. Falls Sie jedoch über die richtige Ausrüstung verfügten, könnten Sie spektakuläre Erfahrungen machen:

- Befänden Sie sich auf einem erdähnlichen Planeten, der wie Erde, Venus oder Mars eine feste Oberfläche hat und von geringer Masse ist, könnten Sie unter einem mit Wolken verhangenen Himmel über rot glühende Magmafelder eines jungen Planeten wandern. Sie sollten sich allerdings vor starken Niederschlägen aus Methan und Schwefelsäure, insbesondere in der Umgebung aktiver Vulkane, in Acht nehmen. Zudem dürfte die Gewitteraktivität unangenehm hoch sein, weil Vulkane permanent ihre Asche in die Atmosphäre speien.
- Befänden Sie sich jedoch auf einem jupiterähnlichen Planeten, der keine feste Oberfläche hat, könnte sich Ihnen das überwältigende Bild von Edelsteinwolken bieten. Je nach Atmosphärenhöhe funkelten sie in verschiedenen intensiven Farben im Licht des Zentralgestirns. Fegte ein starker Wind durch diese Wolken, würden die Edelsteinwolkenteilchen durcheinandergewirbelt und die dichte Wolkendecke würde sich im Gemisch aller nur erdenklichen Edelsteinkombinationen zeigen. Aber Achtung! Wagen Sie sich nicht zu tief in die Atmosphäre hinein! Dort könnten Ihnen hässliche, metallisch schimmernde Wolken mit hohem Eisengehalt begegnen.

sammensetzung der wolkenbildenden Atmosphäre ab. Die Anzahl der Sauerstoff-, Kohlenstoff-, Stickstoff-, Eisenatome usw. bestimmt, wie viel Wasser-, Stickstoff- oder Eisenoxidmoleküle sich im atmosphärischen Gas bilden, um dann den Hauptmasseanteil des Wolkenpartikels zu produzieren. In dem sauerstoffreichen Atmosphärengas eines Riesenplaneten außerhalb unseres Sonnensystems, in dem mehr Sauerstoff als Kohlenstoff vorhanden und das wärmer und dichter als unsere Erdatmosphäre wäre, würde es zur Bildung von festen Partikeln aus Smaragden, Rubinen und Silikaten kommen. Wäre die Planetenatmosphäre hingegen kohlenstoffreich, so könnten sich Ruße oder Diamanten bilden, da die Drücke in diesen Atmosphären ausreichend hoch wären. Zumeist ist es dafür jedoch zu kalt, und nur die heißesten unter den Exoplaneten kämen für eine solch außergewöhliche Materialzusammensetzung infrage.

Modellrechnungen zeigen, dass sich auch in den Wolken extrasolarer Planeten die größten Wolkenpartikel am unteren Rand der Wolke befinden. Es wird daher auch auf solchen Planeten regnen, wenn die Gravitationskraft die Reibungskraft übersteigt. Jedoch regnet es eben nicht weiche Wassertropfen, sondern harte Sand- oder Staubkörner, die aus einem Gemisch von Materialien bestehen. Detaillierte Modellierungen der Bildungsprozesse dieser Wolken zeigten, dass die Staubkörner aus einem Gemisch von Silikaten (Mg_2SiO_4[s], $MgSiO_3$[s], MgO[s]), Oxiden (SiO_2[s], SiO[s], $CaTiO_3$[s], Al_2O_3[s], TiO_2[s]) und Eisenverbindungen (Fe[s], FeO[s], FeS[s], Fe_2O_3[s]) bestehen. Der Anteil dieser Materialien im Staubkorn ist von der lokalen Temperatur abhängig, die, wie in der Erdatmosphäre, nach oben hin abnimmt. Relativ kleine Teilchen, die hauptsächlich aus Silikaten bestehen, befinden sich im oberen Wolkenbereich. Am unteren Wolkenrand sind große und schwere Staubteilchen mit einem hohen Eisenanteil. Noch etwas tiefer hat es sehr große Teilchen, die zu 90% aus Korund bestehen.

Die Wolken der Erde bestehen immer zu 99% aus flüssigem Wasser. Jedoch weisen auch die Wolken der Gasriesen Jupiter und Saturn eine chemische Strukturierung auf. Sowohl in der Erd- als auch in der Saturnatmosphäre sind Staubteilchen in stratosphärischen Schichten beobachtet worden, die nicht hauptsächlich aus flüssigem Wasser (Erde) oder Ammoniak (Saturn) bestehen und sich dort *in situ* gebildet haben müssen.

Wasser gibt es in den Wolken extrasolarer Planeten in großen Mengen und im gasförmigen Aggregatzustand. Auch wenn diese Atmosphären oft zu heiß für die Kondensation von flüssigem Wasser sind, können sich Wassermoleküle an Silikaten anlagern oder auch während des Wachstumsprozesses derselben in der Kristallgitterstruktur eingeschlossen werden. Dadurch bilden sich sogenannte hydrierte Silikate, die wir auf der Erde unter der Edelsteinbezeichnung „Opal" kennen. In ähnlicher Weise führen im Al_2O_3[s]-Gitter eingeschlossene Titan-Atome zur Bildung von Saphiren und der Einschluss von Chrom führt zum Rubin. Daraus folgt, dass extrasolare Planeten möglicherweise im grün-bläulichen Licht ihrer Opal-Wolken schimmern. Stürme, die die gesamte Wolkenstruktur durcheinanderwirbeln, geben die darunterliegenden rotblauen Schichten aus Saphir und Rubin frei.

Fragen und Antworten

Was ist die Oortsche Wolke?

Die Oortsche Wolke ist keine Wolke in dem bisher besprochenen Sinne eines Phasenübergangs. Sie ist eine Ansammlung von Gesteinsbrocken im Weltraum, die Überreste aus der Entstehung des Sonnensystems sind. Ihre Bahnen werden durch die Gravitationsfelder der umliegenden Sterne so gestört, dass sie das Sonnensystem in einer Enfernung von 1,6 Lichtjahren von der Sonne wie eine Schale umgeben. Kommt ein Stern zu nahe, wird ein „Mitglied" der Oortschen Wolke aufgrund gravitativer Wechselwirkungen herauskatapultiert und wandert dann als Komet durch das Sonnensystem. Die Oortsche Wolke hat keine scharfe Abgrenzung, ganz so wie eine Wasserwolke in der Erdatmosphäre. Die Existenz der Oortschen Wolke wurde postuliert, um die Bahnen von Kometen durch das Sonnensystem verstehen zu können.

Wie definiert man „Leben"?

Eine eindeutige Definition von Leben gibt es nicht. Aus biologischer Sicht wird etwas als lebendig bezeichnet, wenn es sich fortpflanzt, auf Umwelteinflüsse reagiert, sich entwickelt, einen Stoffwechsel betreibt und Energie verbraucht. Diese Merkmale sind jedoch keineswegs eindeutig, da sie auch auf ein sich ausbreitendes Feuer oder auf einen wachsenden Kristall zutreffen. Die Thermodynamik, ein Grundlagenfach der Physik, definiert Leben hingegen als das unumkehrbare Erzeugen von Ordnung aus einem ungeordneten Zustand in einem lokal begrenzten Bereich.

Christiane Helling, Jg. 1969, Dr. rer. nat. habil., forscht und unterrichtet als Lecturer an der School of Physics and Astronomy an der University of St. Andrews in Schottland. Ihre Forschungen zur Bildung von Wolken auf extrasolaren Planeten werden vom Europäischen Research Council gefördert.

Anmerkungen

[1] Weitere Informationen zur Erforschung der Erdatmosphärenchemie findet man zum Beispiel beim Institut für Umweltphysik der Universität Heidelberg: *http://www.iup.uni-heidelberg.de/institut/forschung/groups/atmosphere/troposphere/Tropo_Chemie/*

[2] Die Cloud Appreciation Society hat ihr Manifest unter *http://cloudappreciationsociety.org/manifesto/* veröffentlicht, in dem sie aus ihrer Sicht begründet, warum die Beobachtung von Wolken wichtig ist.

[3] Der Earth Simulator ist ein Supercomputer, der 2002, unter dem Einfluss der Klimaerwärmung, als weltweit größter Rechner für Klimasimulationen in Betrieb genommen wurde. Die zweite Generation des Earth Simulators nahm 2009 ihre Arbeit auf. Von 2002 bis 2004 war Earth Simulator der schnellste Supercomputer der Welt.

[4] Die World Meteorological Organization (WMO) organisiert unter anderem die Kooperation von Wetterstationen und kümmert sich um die Standardisierung meteorologischer Angaben. Mehr dazu unter *www.wmo.int*

[5] *http://saturn.jpl.nasa.gov/*

[6] 20. Juni 2011, Jean Schneider; Extrasolar Planet Encyclopedia (*http://exoplanet.eu/catalog.php*)

[7] Die Weltraummission Kepler ist eine amerikanische Mission zur Suche nach extrasolaren Planeten (*http://kepler.nasa.gov/*). Sie ist vor allem auf die Suche nach erdähnlichen Planeten ausgerichtet, die sich in der habitablen (also der für Leben potenziell geeigneten) Zone ihres Zentralgestirns befinden. Seit dem Beginn der Mission im März 2009 sind 2740 „Kandidaten" für extrasolare Planeten entdeckt worden (Stand: Januar 2013). Bei 20 von ihnen hat man die planetare Natur des Objekts inzwischen bestätigen können. Weltweit sind inzwischen 294 extrasolare Planeten bekannt (Stand: März 2013).

Bildnachweis

(nach Bildnummern)
1: schreiberVIS; 2: ESA; 4: George Gastin; 5: ESA; 6: Grafik schreiberVIS; 7: schreiberVIS; 8: ESA; 9: Grafik schreiberVIS; 10: BIRA / IASB; 11: DLR (Deutsches Zentrum für Luft- und Raumfahrt); 12: Grafik schreiberVIS; 13: Pitt Koch (Bildanfragen an: info@dantes-italien.de); 20: OKAPIA / Gavriel Jecan / SAVE; 21: wikimedia commons / Rolf van Melis; 22: schreiberVIS; 23: Grafik schreiberVIS; 24: Peter Lewis / OSF / OKAPIA; 25: NAS / Richard Chesher / OKAPIA; 26: H. Joachim Schlichting; 27: Martin Rietze; 28: NAS / David Weintraub / OKAPIA; 29: Gerhard Zwerger-Schoner / Imagebroker / OKAPIA; 30: Grafik schreiberVIS; 32: DLR (Deutsches Zentrum für Luft- und Raumfahrt); 33: DLR (Deutsches Zentrum für Luft- und Raumfahrt) / Grafik schreiberVIS; 35: wikimedia commons / Ave Maria Mõistlik; 36: ESA; 38: ESA; 39: Erlend Haarberg / OKAPIA; 40: schreiberVIS; 41: B.G. Thomson / NAS / OKAPIA; 42: NASA; 43: Håkon Hansson; 44: Fiona Stapelton; 45 (rechtes Bild): Andrew Collier Cameron; 46: NASA / David Cartier, Sr.; 47: NASA / JPL-Caltech / SSI; 48: NASA; 49: NASA / JPL/SSI; 50: Isaac Gutiérrez Pascual; 51: NASA / JPL-Caltech/SSI

Alle anderen Fotos / Abbildungen: Christiane Helling